U0595777

与青少年谈思维

聂还贵 / 著

山西出版传媒集团 三晋出版社

目　　录

一只看不见的手,画得樱桃红了一千遍又一千遍,画得芭蕉绿了一千回又一千回。

每个人都一样,都想与别人不一样,世界便呈现多彩的可能。

最伟大的力量,来自思想。正如最鲜活的阳光,来自心灵。

世界上走得最远的不是风,不是雨,不是阳光,不是月辉,而是人类的语言以及语言承载的思想。风雨光辉常常被拒绝屏蔽,而思想却可以抵达人的心灵。

太阳每天馈赠我们一个金色的日子,我们就把每个日子,打磨得像珍珠那样圆润华灿。

春天,或许会来得晚一些,但一定不会失约。

道生万物,心生万象。用眼睛看世界与用心灵观天下,一定是两幅不同的画面。

原来,世界上许多门都是虚掩的,轻轻一推,它就吱呀一声,为你打开。

许多时候,问题比答案更具力量和诗意。

苦难迸射的黑色光芒,比金色的明亮更加深刻而锋利。它穿透事物的表层,照彻事物细微的根部,让你的道路真实而坚稳。

一句话,一声语,都是我内心必须守护的一份庄严和神圣。

思考,人类的另一双眼睛。阅历叠加思考力,凝练一束具有穿越感的视力。

有一种力量,谁也不曾将它改变,却总是被它无情改变,它的名字叫:改变。

男人的沉默,比大海更浓稠和幽远。

大路,小路,山路,水路,每一条路都与你风雨相连。直路,曲路,天路,泥路,总有一条从你脚下升起,通往你要去的地方。

山的意义在于为平旷的地面树立一个高度。高度,意味着更广阔的视野和空间;高度,让世界变得立体而多姿。

人的眼神可以藏住眼泪,却藏不住欲望之光。

嘈杂的世界,有一种灰色调的声音,来自财富的哭泣与微笑。

商品的浓妆艳抹里,藏着货币的冷漠与慈善。

一切都在变化,唯有风常吹常新。一切都会衰老,唯有风永远年轻。

远方就是你要去的地方,故乡就是你童年的月亮。从哪里出发,最后一定要回到哪里,因为地球是圆的。

海底的火焰,你看不到它燃烧,却听得到它在歌唱,那月光下涛声的澎湃;海底的火焰,你听不到它歌唱,却看得到它在燃烧,那阳光下海浪的狂舞。

思维的花朵

序 一

1

"老师说你是伟大的科学家,世界上只有你发现了相对论。"

"不是我比别人聪明,只是因为我善于用立体思维来观察问题。就像一只甲壳虫在一个篮球上爬行,看到的世界永远是扁平的。这时如果飞来一只蜜蜂,它一眼就会看出甲壳虫是在一个有限的球体上爬行,因为蜜蜂的视觉是立体的。"

——爱因斯坦与儿子的对话

比尔·盖茨:想要成功,你还必须要知道该如何做出明智的抉择,以及拥有更宽广的思考力。

2

一个不同的观点有时可以打开一个全新的世界。

我们从不同的观点中看不到任何危险，只有可能。

天知道当你用别人的观点看问题，你会看到什么。

——伦敦希思罗机场登机桥上的英国格言

尼采："最平静的语言将带来狂飙：悄然而至的思想将引导这个世界。""无花果从树上掉下来，它们新鲜而味美：它们在掉落时，鲜红的表皮裂开了。对于成熟的无花果而言，我就是北风。"

3

福布斯巨子、美国联邦快递公司创始人弗莱德·史密斯曾深入浅出、朴素而深刻地说：我最喜欢的一句话就是"万花筒式的思维"，我相信，这个词是《哈佛商业周刊》的前任编辑罗莎贝丝·莫丝·康特尔说的。她想用这个词表达的意思无非是说，如果你碰到了商业上的麻烦问题，就去转动万花筒，然后进行深思熟虑。有时候，或许你就会以稍稍不同的方式发现解决问题的办法，这个办法比传统的办法会好一些。

太阳下山了，晚霞如花，开满乡间小路。

农民赶着一头牛回家，到了牛圈栏门口，牛脾气发作了，昂着牛头，绷着牛蹄，说啥也不愿进去。任凭百般强拉，直至用鞭子抽打，牛就是牛，皆无济于事。

无奈之际，农民看到旁边有一筐青草，思维的齿轮一转动，便顺手抓了一把，往牛嘴跟前一递，牛低下头，伸长牛鼻子闻一闻，遂用嘴叼起草来。吃着清香的鲜草，牛蹄子顺着迈进了圈栏。

4

人为万物之灵，灵在何处？就灵在一个大脑，所谓心灵。心脑具有神奇无比的思想活力和能量。"精神恍惚，万念交错"。"精骛八极，心游万仞"。"观古今于须臾，抚四海于一瞬"。"笼天地于形内，挫万物于笔端"。"神思方运，万涂竞萌"。"寂然凝虑，思接千载，悄然动容，视通万里。吟咏之间，吐纳珠玉之声，眉睫之前，卷舒风云之色"。

决定成败的因素多因多元，而在一定特境中，某一重要因素极有可能起到质变作用，于是就有方法决定成败、习惯决定成败、情商决定成败、性格决定成败、细节决定成败、语言决定成败之说。白加黑的足球，给予教练米卢的启示是：态度决定一切。

不,追根溯源,方法、语言、习惯、态度,都决定于思维。

什么样的思维决定什么样的言谈举止、行为方式。

思维决定一切,包括决定成败。思维孕育思想,思路导引出路。

思维的色彩,就是你生活的色彩,梦想的色彩。

思维,博弈思维,才是一把打开人生成功之门的金钥匙,才是我们向世界亮出的创造美好生活的最初凭证,原始依据。

5

民间许多寓言、童话都是开启思维的锁钥,是关于思维的传世读本。

《太阳和风》的故事:一天,太阳与风在一片白云上相遇了,它们都以各自的优长而荣耀气盛,互不禀服。恰好白云下面有一人走过,于是太阳与风决定作一比试,看谁能让此人将衣服脱去。风当仁不让,呼呼地刮了起来。云下之人觉有风吹,便把衣服的扣子系了起来。风急了,加大风力猛烈吹动。可风越大,那人就越是将衣服紧裹,裹得像一个密封严实的椰子。一旁的太阳笑一笑说:看我的。只见太阳向云下之人轻轻地发散热光,那人便松开了衣服。随着阳光渐强渐烈,云下之人大汗淋漓,一会儿便索性像剥橘子那样将衣服一件件地脱了下来……

风的吹力强不过太阳的拉力,决定树木方向的不是风而是太阳。

6

"白也诗无敌,飘然思不群",杜甫对李白的解读,一语破的,切中命门。无敌诗人无敌之密码,在于"思维"的卓然独秀。

"头脑风暴"一词,向我们强调和渲染思维在生活天平上的重量,揭示思想在人生地平线上的神奇与伟大。

一筐子苹果,如果发现腐烂时,至少有两种吃法:一是先挑好的吃,烂的扔到一边;二是先捡烂的吃,最后吃一肚子烂苹果。当然最好的办法是科学保鲜,交给适宜的温度储藏,让每一个苹果都远离腐烂。

今日时代,人们冠以多种名目:信息时代,高科技时代,知识经济时代……然而首先是思维时代。关注思维,研究思维,亲近思维,创新思维,打开一扇扇思维之门,比任何时候更显迫切。因为市场经济浪潮不仅仅猛烈冲刷着物质的世界,也激荡着人们的精神领域。

一切都好像翻了个个儿,一切又都好像刚刚开始……

7

改变世界的最初和最终的力量,都不会是别的,而只能是思想。

黑格尔:"人是靠思想站立起来的。""一个深刻的灵魂,即使痛苦,也是美的出处。"

拿破仑说:世界上有两种力量,一为剑,一为思想,而思想比剑更强大。

雨果说:一支军队可以抵抗,但一个成熟的思想无法抵御。

袁世凯最害怕两支笔:一支是梁启超,一支是章太炎。他说,这两支笔,笔力千钧,抵得上几个师的军队。

爱默生:怎样思想,就有怎样的生活。

费希特:争得胜利的既不是臂膀的强壮,也不是武器的精良,而是心灵的力量。

联合国教科文组织总部大楼前有一块石碑,上面用多种文字镌刻着同一句话:战争起源于人之思想,故务需于人之思想中筑起保卫和平之屏障。

人类一思考,上帝就发笑。不管这笑是嘲笑还是赞美,我们都不能让大脑荒芜，不能放弃上帝赋予我们思考的权利。思考，是我们作为大写"人"的独一份天然资源，是我们人格不断洁净升华的永动机。没有经过思考的日子，就像杂草丛生的田野，是不值得过的。思考，唯有思考，才是我们生命意义的最好诠释，才是我们文化存在的有力证明。

问：是什么点亮广袤的夜空？

答：繁星。

问：是什么点亮人类精神的天空？

答：思想。

问：繁星与思想谁更永恒？

答：思想。

清晨的风吹散葡萄般密集的繁星，却吹不落人类精神园林里的智慧果。

比河流走得更远的是风，比风走得更远的是人类的语言，以及语言承载着的人类的思想。

8

人类认知史、文化史证明，重大理论及科学发现、技术发明，首先取决于方法创新和思维革命。从古代的原子论、整体论到近代的归纳论、演绎论，直至后现代主义和 20 世纪流行的直觉论、否证论、虚构论、建构论、反归纳论、多元方法论；怀疑法、虚拟法、建构法、模拟法、反驳法、试错法、科学游戏法、猜测假设法；赛博虚构、科学虚构等发散式思维、创造性思维、非理性思维、非逻辑思维……人类精神的天空,画出了一道道飞跃与变革的彩虹：

弗兰西斯·培根发明的科学实验催生了近代科学的分娩；

牛顿将归纳法与演绎法相结合实现了科学史上"金风玉露一相逢,便胜却人间无数"的第一次大综合；

康德的"三大批判理论"加速了德国古典哲学车轮的隆隆滚动；

马克思在对腐朽普鲁士制度和资本主义作批判的基础上,创建了科学社会主义宏伟大厦；

叔本华对黑格尔绝对理性的背离孕生了现代人本主义的暖春；

海德格尔对久被遗忘的本原性存在和在世之人的追寻产生了迄今仍如日中天的存在主义；

从 1901 年诺贝尔奖设立起,约 70%获奖者的成果里面都闪烁着创新思维的奇光异彩。2008 年诺奖大师贾埃费说：

思维每向前一步,就会有无限的可能性。

心理学家统计:一个人每天大约放飞 5 万个(次)想法,那情景犹如一只只彩色气球,或像池塘里蒸腾的气泡,阳光照耀下,五光十色,斑斓迷人。

9

怎样看世界,就会得到怎样的世界,世界就会怎样地走近你。——我见青山多妩媚,料青山见我应如是。

精神与物质相互转化变换,思维乃转换的金色轴心。

海水说,火焰,我因你而碧,为你而蓝。

火焰说,海水,我为你而燃,因你而红。

海水说,只要你不灭,我就是永远的碧,永远的蓝,火焰。

火焰说,只要你永远蓝,我就是不变的燃,不变的红,海水。

警惕:高科技的发展,生活的日益智能化,使得机器愈来愈像人,人愈来愈像机器。人的思考权利和能力,被机器一天天地剥夺着,吞噬着:电锯呼啸,木屑纷飞……

10

就思维本身诠释与界定,其当属于心理学、方法论范畴,甚至闪耀着工具色彩。或以运行方式或模式解读,兴许更为恰当。思维毕竟不是机械的工具,其具有活跃和强烈的能动性。它不仅需要理念、观念形态的支撑,而且在运行过程中,由于其立体性、结构性、方向性、纬度性、层面性,常常需要校准,纠偏,调谐,拨正,必须及时注入必要的价值营养,作为形成、改变和导引思维运行的力量。由此决定了这里的思维,是一般思维概念的放大,是一个万花筒样的形态,是思维之光的聚焦,包括对思维方向的探寻,思维性质的把握,甚至包括对思维的思维。它能动地包含了两类,一类是动词,指向思维本身(文本),属于方法论;一类是名词,倾向思维的指导理念,属于世界观范畴,意识形态,如结构观念,绿色理念等。

11

青少年时光是一段思维自由飞舞的流金岁月,全景式立体态绽放思维,一生受益无限。性格决定命运已改写为思维改变命运;思维强胜者为王;两强相遇思维强者胜。世界的竞争聚焦于人才,人才论剑雪亮于思维博弈。有人喊出了"比财富更重要的是思维方式"的强音。

思维是撬动理想的神奇杠杆。理想没有恒定统一的色彩，却是一座万紫千红的百花园；理想没有整齐划一的标准，只为独特的、个性的、你自己的印鉴留白。我们每个人要做的，就是能动地旋转万花筒式的思维，全力演奏好自己的理想进行曲。

解读落叶的八种视角

序 二

　　树叶飘黄,花瓣落红,是生活中常见之景。而当一片秋叶穿过我们视线时,它不是平面和线性地降落,却像跳水运动员一样,旋转360度的躯体,激发撞击出多维度的思考与联想,甚至像一个舞蹈演员,长袖弄影,婀娜多姿。这或许就是拙作《解读落叶的八种视角》一文的可取之处。这篇文章原载《光明日报》,后被选入《中学生阅读》(高中版)、《中学生学习报》《课外阅读》(精华本)、国家教材高中《语文》课本(教师教学用书)。

　　高中《语文》课本教师教学用书"按语":"善于变换视角需要有丰富的想象和联想能力……下面介绍的一篇(《解读落叶的八种视角》),让我们看到同一事物可以引发出多么丰富的联想,不同的联想正体现着不同的视角。"《解读落叶的八种视角》无疑是一篇关于思维启迪的文章,我们不妨顺了这篇"叶子",走进思维绚博的世界。

窗外。隐形的风,伸出那只看不见的手,轻轻摘落几片枯黄的树叶。

这是秋的一个经典细节,简洁而自然。

室内。老师很灵感地一悟,刷刷刷,在黑板上写下新概念作文题目:落叶论。

学生 A:一叶知秋,滴水映日,皆为见微知著的生活例证。眼前这片落叶,就是一枚秋的邮票,它通知我们说:秋了。无声胜有声的落叶,在我心的湖面,激起一轮波光闪闪的警示:我们唯一能做到的就是"一万年太久,只争朝夕","花须连夜发,莫等晓风吹"。在有限的岁月里,最大值地发散生命张力,拓展生命空间。当生命像落叶飘零时,不是一丝怨悔的叹息,而是一声金色的欢唱。

学生 B:瑟瑟一片叶子,隐喻了生命的短暂,是"人生一世,草木一秋"的注释。人们熙熙攘攘,来去匆匆,无一不受"名利场"的牵引,支配,驱使。纷纷环绕"利益"的轴心,近乎疯狂地旋转,奔波,最终千篇一律地写成"一生疲累,疲累一生"的风俗史。面对这片饱经风霜、瘦容如纸的黄叶,与其明算暗计,纷争于红尘,何如"归去来兮"。

学生C:落叶如金,闪烁果实一般的灿烂和荣耀。世界上没有不落的叶子,重要的是拥有一段绿色的历史。黄叶曾是一把缓缓撑开的绿伞,是一轮徐徐然长大的绿日。它用鲜嫩的青春和凝碧的光芒,绿了春天,绿了夏天,绿过一双双爱美的眼睛,绿过一对对牵手从树下走过的爱情,最后无怨无悔地完成人生的行旅,抵达生命的驿站。从一撇一捺光谱般的叶脉,可以破译出叶子的生命线是怎样的新美绚丽。现在它恬然落下,落成一句"化作春泥更护花"的古诗。

学生D:花开花落,叶青叶黄,乃为大自然的生态属性。风花雪月本身并无美丑之分,金银细软亦无贵贱之别。"夕阳芳草本无恨,才子佳人空自悲"。"人生自古有情痴,此恨不关风和月"。那些"感时花溅泪,恨别鸟惊心","晓来谁染霜林醉,点点都是离人泪"之类,皆是庸人自扰,无事生非。"人类一思考,上帝就发笑"。纵然"草木有本心",又"何求美人折",最终"多情反被无情恼","尴尬人难免尴尬事"。

学生E:经济学把劳动划分为抽象劳动和具体劳动。如果白马非马,那么落叶不落。"过来昨日疑前世,睡起今朝觉

3

再生"。落日只是短暂的休眠,翌日清晨,太阳又将升起新一轮辉煌的生命。而来年早春,千枝万杈也将再度插满绿色的旗帜。时间或许会在某个个体生命那里打结、搁浅、断裂,犹如一只钟表因分针秒针折断而停摆。而大自然和人类的车轮,将永远滚动飞旋,驶向远方……

学生F:春的新绿,夏的深秀,秋的熔金,都离不开叶子装点着色。没有树叶的季节和原野,是一种残缺和失误,多么令人沮丧,乏味,感伤。叶子的意义有时与希望和信念一样高贵,欧·亨利不就是用《最后一片叶子》,复活了一个女画家的生命。因此,发明和创造一种比克隆更神奇的高科技手段,让叶子新美如初,春意盎然,这是我的理想……

学生G:一位女孩弯腰拾起一片落叶,噢,也许她要把落叶夹在《新概念英语》书中,当成一枚别致的书签。不,最好是一叶小舟,在知识的海洋里飞渡。不,也许她会把落叶作为一札诗意的馈赠。一片浓缩秋天的落叶,或许比一枝带露玫瑰更富有内涵深长的意味和情义。

学生H:从远处走来一个清洁工,他扛着一把竹子扎成的扫帚,木然地走近树叶,哗——哗——机械地把落叶扫在一起。之后,掏出打火机,"叭"的一声点燃。一片片落叶,在金色的火焰中,痛苦地舞蹈,呻吟,像一只只恋花的蝴蝶。

一切复归平静。

·开卷诗语·

谁能用一种颜色

画出思维的火焰

红若一箭映日夏荷

蓝如一池凝思秋水

白像一望无际的雪野

黄似太阳花金芒飞烁

不,思维的颜色是无色

无色——最丰富最灿烂的颜色

第一章　思维之思维

　　思维,是利用语言进行想象活动的过程,是个人或群体的思考方法和思考形式的呈现与描述,是人与动物显著而重要的区别之一。

　　思维有层级之分。其首先是名词,"心之官则思",是思考的器官;其次是动词"思考",思维器官的意义在于灵动;第三,复回到名词,是思维的结果。思维将思维带来的一系列收获,诸如对生活的认知、观念、经验等,作为有效资料,借此展开新一轮思维或再思维……

　　每个人现在的一切,都是每个人自己思维之花的结果。

　　每个人的世界,每个人的生活,都是每个人自己思维的观照、回应与画图。

1　发现思维

完成一件事需要后天的努力,但是创造奇迹,却需要先天之赋。其实每个人都有天赋,都是"天才",重要的是你能够发现自己的长处,即天赋之才。

没有一种存在是不合理的,没有一个生命是多余的。在上帝眼里,每一个生命都蕴含着美丽如花的诗意。

上帝创造了世界,而牛顿却发现了上帝创造世界的方法。牛顿是成功运用发现思维的典范。牛顿语录:把简单事情复杂化,可以发现新领域;把复杂现象简单化,可以发现新规律。

凯恩斯谈到成功一词说:我看见水开了,高兴得跳起来。马歇尔也看见水开了,却悄悄坐下来,制造了一台蒸汽机。

霍金:"当爱因斯坦说到'上帝不掷骰子'的时候,他错了。鉴于黑洞给予我们的暗示,上帝不仅掷骰子,而且往往将骰子掷到我们看不见的地方以迷惑我们。"沿着这样的发现,他继而发现了以宇宙"黑洞"为代表的一系列发现。

观照世界有两种方法,一是用眼睛扫描浏览,二是用心

3

灵触摸感知。任何事物都存在心灵一样的东西，就像每一种水果，都有果核和果籽。而心灵一样的东西，只能通过心灵去发现和认识。

奥地利作家茨威格传达生命的体验：一个人生命中最大的幸运，莫过于在他年富力强时发现了自己生活的使命。

现代生活节奏愈益加快，令人常常不禁慨叹这样两个句子：时间过得真快；感觉太忙太累。并由疲累和紧张萌发一种叫作心理枯竭的时代病，即心理上失去对工作本身的热爱，仅为某种功利性目的机械地上班下班。由此产生了神经过敏、无端恐慌、病态恐惧和抑郁等症状。

醒着，或是梦中，都是生活。把生活放在轻松的日光下，生活就是一朵旖旎的鸢尾花。若把生活解读为疲然奔忙，生活就会弃你而远去，像那匹枣红马绝尘的背影。

大卫·梭罗站在《瓦尔登湖》湖边发问：忙并不能说明什么，蚂蚁也很忙。问题是：我们究竟忙什么？

我们究竟忙什么？

忙，让我们漏掉和失却很多珍贵的东西，包括快乐，包括我们对世界的发现。我们赖以生存的世界包罗万象，无奇不有。敏于发现，勇于求索，是适合于每个人的温情提示。

新大陆的发现,托起了哥伦布的伟大与骄傲,光荣与梦想。

苹果落地的发现,生长出了牛顿万有引力定律的科学之春……

上帝给生命安装了眼睛,就意味着赋予我们发现的权利和自由。重要的是拥有一双发现的眼睛,或开启眼睛的发现。从眼球平面的观看,到眼睛后面思维立体的发现,是视觉的升华、自觉与革命。

我们必须自觉——苏醒生存的自觉,发现自我存在的自觉。

启动头脑里的扫描仪或搜索引擎,完成三个发现:发现世界。发现自己。发现有意义、有价值的发现。

苏格拉底:认识你自己。

《少年维特之烦恼》:我返回自身,发现了一个世界。

古希腊有一个经典命题:"人是政治动物。"这里的政治,指向客观世界,外部社会。

著名的古希腊戴尔菲神殿,其中供奉的是阿波罗神。由于太阳神代表光明、理性以及各种安顿的力量,因此被理解和奉为解决人生谜题的地方。神殿的柱子上刻着两行字像中国的楹联:认识你自己;凡事勿过度。

笛卡儿"我思故我在"的思想,在西方哲学史上具有转折意义,也一定是萨特、海德格尔等"存在主义"的基石。

每个人对自己命运所负的责任,是司机而不是乘客。

生命对于我们来说,需要的已经不是发明,而是发现。

别人不了解你并不可怕,可怕的是我们自己不知道自己是谁。

没有一颗星星脱离天空能够发光,没有一朵鲜花拒绝季节可以开放。在明白世界、了解周围环境的前提下、背景下,认识自己,发现自己,找到自己。

每个人都是一个相对独立而丰富的世界。佛教里有一花一世界之说。"一洞一窟一经书,一龛一佛一世界。一花一石如有意,不语不笑也留人。"这是拙作《雕刻在石头上的王朝》中的话,后两句取自《脂砚斋重评石头记》。人与自然,是两个密切关联和对应的世界组合体,一个是微观世界,或叫内在世界,是一个小宇宙;一个是宏观世界,或称外在世界,是一个大宇宙。

上帝说,每个人都有自己的长处。

知人者智,自知者明。

发现自己，找到自己，就找到了世界。

美国普林斯顿大学校长哈洛·达斯说："人们只有在找到自己的时候，才会明白自己为什么会到这个世界上来、要做些什么事、以后又要到什么地方去等这类问题。"这些问题既属于哲学范畴，又属于生活哲学，是最基础而又最高级的生活学命题。

每个人都有自己的天空，可以自由飞翔。因为每个人都有一双会飞的翅膀，只是这双翅膀经常呈现一种隐形的状态。最痛心的遗憾，莫过于有的人始终没有发现自己的翅膀长在哪里，一生都没有将它打开。

分享心理分析家的研究成果：普通人一生只用了自身能力的 2%～5%。

许多人都是带着从未演奏过的生命乐章走进坟墓的，而那些乐章往往是最美妙的旋律。

美元的一角硬币和一百金币尘封在那里毫无区别，只有拿出来使用时，它们才会告诉你，二者的价值差异究竟在哪里。

今天永远比明天早。只要愿意从头开始，就该得到"生日快乐"的祝福，因为这将是你崭新的一天。

思维之思维

【案例品鉴】 柏拉图年轻时爱好文艺,将奔腾的热情,金子般的时间,轰轰烈烈地倾注于诗歌和希腊悲剧的创作。20岁时的一天,他拜识了苏格拉底。老师的一席教诲,为他点破迷津,启开茅塞。回家后,他快乐的心情,燃成一烛火焰,一任心血和才华凝成的诗歌与戏剧文稿,在火焰中蝴蝶般舞蹈——因为他发现了自己应走的路,从此踏上了终身奉献于思考世界的哲学之旅。

【案例品鉴】 美孚石油公司董事长贝里奇到开普敦巡视工作,在卫生间里,奇怪地看到一位黑人年轻人每擦一下地板上黑污的水渍,总要虔诚地叩一下头,便走过去问他为什么这样做,得到的回答是,他在感恩一位圣人。因为这位圣人的帮助,他才找到这份工作,使他从此有了饭吃。

贝里奇想了想对年轻人说,南非有一座叫大温特胡克的名山,上面住着一位圣人,凡能得到圣人指点的,都会拥有锦绣前程。20年前,我曾经去到那里,接受过他的恩典。你若愿意去,我可以做通经理的工作,批准你一个月的假期。

年轻人是个锡克教徒,笃信神的帮助,第二天就上路了。他长途跋涉,风餐露宿,终于登上了那座山。然而找遍了每一个山头,也没有见到圣人的影子。年轻人很有点失望地回来去见贝里奇:对不起董事长先生,我在山上找了好久,发现除了我自己,压根儿就没有什么圣人啊!

贝里奇高兴地击掌道,是的,正像你说的那样,除了你自己,原本就没有什么圣人。要说有,那就是你——你自己就是圣人,是你自己的圣人。

20年后,这个黑人年轻人坐上了美孚石油公司董事长分公司总经理的交椅。一次,他在一个世界经济论坛峰会上接受记者采访,深有感触地说了一句话:发现自己的那一天,就是成功的开始;能创造奇迹的人,只有自己。

HARPRO娱乐公司CEO奥普拉·温弗里:我不信自己是一名出色的商人,我只是清楚自己的生活目的是什么,自己在哪些方面有特长,因此我会选择一条适合自己的道路,我也是这样告诉别人的。

汪曾祺在西南联大读书时,曾为同学当"枪手",写了一篇关于李贺的文章,文章说:别人的诗是在白纸上画画,而李贺的诗是在黑纸上画画,所以颜色特别浓烈。闻一多看了赞赏说,这文章写得好,比汪曾祺写得还要好。——闻一多和汪曾祺都是善于发现思维的人。

尼采："你们要小心，别让一个塑像倒下压垮你们！"（《尼采自传》）有一句歌词我们格外熟悉，它来自《国际歌》——"从来就没有什么救世主……"

发生在中世纪的"文艺复兴"，是欧洲文学史上一个辉煌时期；是一场复兴古典文化学术和改革宗教的运动；是照亮人类发展道路的一束强劲的曙光。它发端于意大利，后遍及欧洲各国。它鼓吹以人为本的人文主义思想，借自然科学之力，实现了文学艺术对宗教黑暗统治的胜利。那是一个天才流涌、星汉灿烂的黄金时代。画家达·芬奇、米开朗琪罗、拉非尔；西班牙现实主义作家塞万提斯；英国戏剧家莎士比亚……他们的艺术杰作，至今仍然像早晨的花朵，灿丽、新鲜而芬芳。

中世纪文艺复兴有两大贡献为人们所共识：那就是对人的发现，对世界的发现。

人如果改变对世界的看法，世界就对他发生改变……如果一个人的想法有激烈的改变，他会惊讶地发现生活中的状况也有急速的改变。人的内心有一股神奇的力量，那就是自我——所有的人都是自己思想的产物……人提升了自己的思想，才能上进，才能完成某些事。拒绝提升思想的人，只能滞留在悲惨的深渊中(詹姆斯·艾伦《思想的力量》)。

一些知名人士在讨论,谁是最伟大的人物——是恺撒、亚历山大、成吉思汗、还是克伦威尔?有人回答:毫无疑问是艾萨克·牛顿。非常正确,因为我们应该尊敬推崇的正是以真理的力量来统帅我们头脑的人,而不是依靠暴力来奴役人的人,是认识宇宙的人而不是歪曲宇宙的人。(伏尔泰语)

法国国家图书馆珍藏着一个盒子,里面是一颗200多年前充满激情的心脏,它的主人伏尔泰说:我的心脏在这里,但到处是我的精神。

【案例品鉴】 于是,他们带了一位不能行走的人,躺在床上来到耶稣跟前……耶稣对他说:"孩子,平安吧!我已赦免你的罪……站起来——拿着你的床,回家去吧!"于是那人就起身回去了。(见《马太福音》)

"一位不能行走的人",却因耶稣的一句话,竟神奇地"起身回家了",这就是精神的力量,心理作用的力量。这力量,其实不在耶稣那里,而在自己的心里。

发现世界,发现自己,还不是终极目的,重要的是在这两个发现的前提下,深度发现值得发现的东西。从而有所发现,有所发明,有所创造。这就要确立人生的方向和事业目标。这就是第三个发现——发现别人没有发现的发现。

买股票，即使股市门口卖茶叶蛋的老太太也懂得低买高卖。问题是当最低点和最高点像两条鱼从眼前游过时，我们却浑然不觉，难以捕捉。

"世界上没有新的东西，太阳底下没有新鲜事。"如果所罗门的话说得没有错，纵然发现被岁月掩埋的事物，也不失为一种创新。

天空不是一颗星星在闪耀，而是群星灿烂。重要的不是天空有多少颗星星，而是你能不能成为其中的一颗！

海到尽头天作岸，山登绝顶人为峰。

【案例品鉴】 有一个农村女孩，上了几天学，老师说她的智商有问题，被迫退学回家。她的父亲是一个果农，就常常带她到果园。两年以后，她的舅舅在城里开了个小饭店，说她与其在家待着，还不如去他的店里做点力所能及的活儿。

一天，舅舅突然看见餐桌上，有一个白萝卜雕成的鸟雀，栩栩如生，连忙问是从哪里来的，女孩说是她用厨师扔掉的萝卜削的。

什么？舅舅几乎是被吓了一跳。你说这……是你做的？

女孩点点头。

舅舅有点不信,立即走到厨房,随手取了一个红萝卜和一个白萝卜,连同一把水果刀,一并递到她手里。女孩接过一红一白两只萝卜,端详了一会,又抬头看了舅舅一眼,就操起水果刀切削起来。

水果刀在女孩手里,像一根绣花针,上下翻飞,左右穿梭;一缕一缕的白萝卜皮,若纷纷雪花飘下;一丝一丝的红萝卜屑,似纤纤花瓣撒落。而女孩坐在那里,眉飞色舞,神情绚烂,一束阳光诗意地从头顶射照而过,女孩益发显得天使般圣洁和生动美丽。

舅舅坠入一片疑惑之中,这是我的那个外甥女吗?这是被人怀疑智力存在问题的外甥女吗?说真的,舅舅还从来没有这样端详过自己的外甥女。

好了,舅舅!

就在舅舅走神之际,一座喜鹊登梅的雕塑落成,惊得舅舅傻在那里,一片失语状态。

原来,在果园时,没事做的女孩,见果树下有许多掉落的果实,就捡拾到手里,想象着窗花上的那些图案,玩着削刻起来。

舅舅这个小店的餐桌上，从此每天都摆有千姿百态的果雕菜雕，引来愈来愈多的客人，小店兴旺在一片红红火火的气氛里。后来，国际餐雕技艺大赛在美国举行，女孩一举夺得金奖，并受到媒体的追捧和众多专家的喜爱，被誉为"果雕神女"。

【案例品鉴】《伊索寓言》"狼与狗的故事"讲道：一只饿得瘦弱不堪、几乎快要支撑不住的狼，遇到一只肥硕得意的狗。狗向狼炫耀他的优越生活，使狼羡慕不已，甚至狼对自己的生活方式都产生了怀疑。但当狼看见狗的脖子上套着一条冰冷的铁链之后，突然醒悟出了什么，恢复了原来的精神，只留给狗一瞥轻蔑的眼风，而后纵身一跃，投入到深阔无边的旷野之中。

不是所有的花都喜欢阳光，不是所有的花都喜欢在春天开放；不是所有的风都朝同一个方向吹，不是所有的河流都向东方流淌。这几句诗的意义，就在于透过生活的一些表面现象，告诉人们某种具有启示的发现。

有一天，丹麦童话家安徒生发现了人性的一个弱点——虚伪！当然他没有直白地大声说出来，而是借助文学的独特性能，艺术地呈现给了世人，那就是不朽的《皇帝的新衣》。《皇帝的新衣》像一面无形的镜子,闪照在我们生活的角角落落。

【雅文品赏】《皇帝的新衣》:许多年前,有一个皇帝,为了穿得漂亮,不惜把所有的钱都花掉。他不关心他的军队,不喜欢看戏,也不喜欢游逛公园——除非为了去炫耀一下他的新衣服。他每天隔一小时就要更换一套衣服。人们提到他的时候总是说:"皇上在更衣室里。"

有一天,他的京城来了两个自称是织工的骗子,说能织出人间最美丽的布。这种布不仅色彩和图案都分外美观,而且缝出来的衣服还有一种奇怪的特性:任何不称职的或者愚蠢得不可救药的人,都看不见这衣服。

……

"我要派我诚实的老大臣到织工那儿去。"皇帝想,"他最能看出这布料是什么样子,因为他很有理智,就称职这点说,谁也不及他"……"愿上帝可怜我吧!"老大臣想,他把眼睛睁得特别大,"我什么东西也没有看见!"但是他没敢把这句话说出口来……"哎呀,美极了!真是美极了!"老大臣一边说,一边从他的眼镜里仔细地看,"多么美的花纹!多么美的色彩!是的,我将要禀报皇上,我对这布料非常满意。"

……过了不久，皇帝又派了另外一位诚实的官员去看工作进行的情况。这位官员的运气并不比头一位大臣好：他看了又看，但是那两架空织布机上什么也没有，他什么东西也看不出来……"我并不愚蠢呀！"这位官员想，"这大概是我不配有现在这样好的官职吧。这也真够滑稽，但是我决不能让人看出来。"他就把他完全没看见的布称赞了一番，同时保证说，他对这些美丽的色彩和巧妙的花纹感到很满意。"是的，那真是太美了！"他对皇帝说……皇帝很想亲自去看一次。他选了一群特别圈定的随员——其中包括已经去看过的那两位诚实的官员……"这是怎么一回事呢？"皇帝心里想，"我什么也没有看见！这可骇人听闻了。难道我是一个愚蠢的人吗？难道我不够资格当皇帝吗？这可是最可怕的事情。""哎呀，真是美极了！"皇帝说，"我是十二分地满意！"

……游行大典就要举行了……"现在请皇上脱下衣服，"两个骗子说，"好让我们在这个大镜子面前为您换上新衣。"

……皇帝就在那个富丽的华盖下游行起来了。站在街上和窗子里的人都说："哎呀！皇上的新装真是漂亮！他上衣下面的后裙是多么美丽！这件衣服真合他的身材！"谁也不愿意让人知道自己什么也看不见，因为这样就会显出自己不称职，

16

或是太愚蠢。皇帝所有的衣服从来没有获得过这样的称赞。

"可是他什么衣服也没穿呀!"一个小孩子最后叫了出来。

"上帝哟,你听这个天真的声音!"爸爸说。于是大家把这孩子讲的话私下里低声地传播开来。

"他并没穿什么衣服!有一个小孩子说他并没穿什么衣服呀!"

"他实在没穿什么衣服呀!"最后所有的百姓都说……

世界上的银行,不是经济人士发明的,而是《鲁滨孙漂流记》一书的作者笛福创意的。17世纪的欧洲被贫穷吞没着,犯罪率颇高。鲁滨孙提出,人们如果存点钱,拥有一些财产,那么就会守法遵纪,成为好公民。他为此草创的计划,经采纳和实施,就逐渐演化成了今日的银行。

【案例品鉴】 坎特公爵小时候有一次玩火,将邻居家的麦草垛燃着。晚上,借了清亮的月色,他来到麦场,一根根捡拾人们救火时撒落的麦草。这一情景被他的父亲发现,父亲对他这一行为给予温暖的鼓励。长大成为公爵之后,许多人向他反映,有一女仆举止粗暴,建议将她打发了之。而他在一个普通的夜晚,却发现这位仆人,正专注认真、充满爱心地为一盆花浇水,便因势利导,上前积极给予赞赏和鼓励,使这位仆人十分感动。从此,她一改过去的不良习惯,诚恳而谦恭地做人做事,终于成了大家都喜欢的人。

谁说过,发现别人身上的优点——这是发现自己优点的最好方式。善于发现别人身上的优点,是一个人最大的优点。而能见贤思齐,则善之又善也。

【绕开误区的提示牌】

1、发现不是静止的,而是动态的。要不断地发现自己,不断地追寻自己。太阳每天都是新的。谁都不能两次踏入同一条河流。我们每天都在告别昨日的自己,唱响崭新的人生旋律。

2、发现自己,也要呵护好自己,谨防和力避在成功路上迷失。

3、发现别人的优长是收获,但他人长处可学却不可照抄。天上没有两颗相同的星星,没有两片相同的雪花。有一首歌是关于蜗牛与黄鹂的:蜗牛在葡萄树刚发芽时就开始往树上爬,黄鹂对此不解并发出嘲笑。但蜗牛清楚自己,它必须笨鸟先飞,等到葡萄熟了的时候再爬,那就会错失与葡萄相逢的机会。

【案例品鉴】 一个卖核桃的听到旁边卖红枣的在喊:

快来买,无核大红枣,个儿大,没有核!买的人便多。于是一着急,也学着喊了起来:快来买大核桃,个儿大,没有核。

2　定位思维

定位概念,源出军事领域,本义为"驱动军队抵达决战地点"。定位理论,由美国著名营销专家艾·里斯与杰克·特劳特于20世纪70年代早期提出:"定位是你对未来的潜在顾客的心智所下的功夫,也就是把产品定位在你未来潜在顾客的心中。"

医学有"定位觉":让患者闭目,检查者用手指或棉签轻触一处皮肤,请患者说出或指出受触的部位,然后测量并记录与刺激部位的距离。

定位在企业和商界那里,是我把东西卖到哪里,卖给哪个群体,卖给谁。而我们此处所言定位含义,主指一个人在生活中拥有的位置,属于社会学意义:你的脚在哪里站着?你的目光投向哪里?

定位自己,是推销自己以及推销自己手里产品的前提。生存是第一紧要的问题。

首先是生存,其次再讨论思想。

自己不给自己定位，就一定会被别人定位。被他人定位，就会被动地处于劣势境地，虽然每个人在营销理论上都有"六匹马"可以选择。

别人认为你有价值才是重要的。可是你在别人眼里的价值，首先要以你自以为是的价值为条件，作支撑。

人生的第一课题，一定是求得生存。人首先附着在一条吃饱穿暖的生命线上，这条线所包括的内容是生命得以保持和运动的基本给养与第一需要。

懂得如何寻求最基本生存的人，一定是一个懂得生活的人。

一个人生存的蓓蕾里，孕育着理想的花朵和成功的青果。

尼采认为：人唯有找到生存的理由，才能承受任何境遇。

达尔文考察的结论是：最后生存下来的物种不是最强大的，也不是最聪明的，而是那些最能适应变化的。

"物竞天择，适者生存"不仅是自然界的法则，同样也适应于人类社会。

知己知彼，方能百战不殆的传统理念，需要做重新审视与修改,可以反逆、替换成"知彼知己"——首先去发现社会需要什么,其次要发现我能为社会做什么。在社会与自我的交叉点和经纬度上,找准自己的坐标位置。

人生的第二课题,必然是生活。如果说生存是基于本能,更多地带有自然属性,那么生活便匀兑了精神的浓汁,添加了理性的元素。

马斯洛描述人的"需求层次":生理,安全,感情,尊严,自我实现。

如果你弄清楚自己为了什么而活,你就能够承受和肩负起任何一种生活重荷,并且化苦为乐。为什么而活,那才是你的人生目标,人生意义,人生理想,人生价值,才是你金子般的信念。这个问题可以简化为"我是谁?""我需要什么?"

从生存到生活,无疑是一次质的飞跃。生存与生活,是两个相连相关的不同层面。明确"我要什么"凸显和确立鲜明的价值观,其他追求随之都纷纷降到次要位置。

酒店老板对酒鬼极尽殷勤之能事,但绝不会嫁女儿给他,因为他知道自己要的是酒与钱的交换;狮子不应战老鼠,不是害怕老鼠,是因为它明白自己与老鼠不在一个级别,他要的是战胜强大的对手。

【案例品鉴】 有一垂钓者,每逢钓起三尺、二尺长的鱼他都会放掉,而只把一尺大的留下。旁边有人见状诧异,垂钓者就说:我家最大的盘仅有一尺,且家里只我与老伴,鱼太大放不下,也吃不掉……

知足者常乐。然而知足甚难,知多知少难知足。这使我想到生活中看到的一幕:一位瓜农来到城里卖瓜,几个市民尖牙锐齿地与他讨价还价。瓜农几次抬起头来用心痛的眼神看一看咄咄逼人的市民,无奈让到了最底线。总算成交了! 就在瓜农将几颗西瓜往市民塑料编织袋里装的时候,一个市民又提出一个要求,说再捎带上一个西瓜。突然,世界出现了几秒钟真空般的静寂。紧接着,瓜农一边用撕裂的声音喊着"不卖了"! "不卖了"! 一边将几颗西瓜使劲摔在地下, 发疯般用脚踏碎,鲜红的瓜瓤砰然飞溅……之后,瓜农蹲在旁边一株柳树下,抱着头呜呜呜地哭了起来。

【案例品鉴】 中美两个老太太的房子观, 一度在社会上甚为流行。美国老太太贷款买房,到死还清了债,却住了一辈子自己的房;中国老太太攒了一辈子钱,刚买房子住了一天就驾鹤西归了。美国老太太要的是物质享受,宁肯承受还债的压力;而中国老太太要的是心理从容,享受心灵的轻松。

两个老太太孰是孰非,见仁见智,实无高下对错之分。造成这种观念不同,可以追溯到两国的文化背景和价值观的差异。历史总是喜欢和人们开玩笑,2008年次贷危机引发的金融风暴,令美国人反思自己的消费观念,从泡沫虚幻回到现实的土地。

"有人辞官归故里,有人漏夜赶考场"。有人说"宁肯少活十年,不可一日无权"。王勃摘一朵映日荷花吟咏:"官道城南把桑叶,何如江上采莲花。"陶渊明毅然辞官并赋《归去来辞》,"舟遥遥以轻扬,风飘飘而吹衣",一派快乐超脱气象。

人以群分,物以类聚;有一双脚,就有一条道路;有多少双眼睛,就有多少颗太阳。承认差异性,尊重差异性,所谓人各有志不得强勉;三军可以夺帅,匹夫不可以夺志。

艾丽斯问:"能否请你告诉我,我该走这里的哪条路?"

猫说:"这要看你想去哪里。"

艾丽斯说:"我去哪儿都无所谓……"

猫回答:"那么,走哪条路都是一样。"

——《艾丽斯漫游奇境记》

欧阳锋:"我是谁?"

黄蓉:"你是欧阳锋啊!"

欧阳锋:"欧阳锋是谁?"

——《华山论剑》

迷失自己,忘记自己是谁,一切就都回归于零。

清代顺治皇帝因爱妃董鄂妃之死而出家,并慨叹道:"来时糊涂去时迷,空在人间走这回。未曾生我谁是我?生我之时我是谁?"

巨大的迷茫覆盖了顺治皇帝一生。其与张若虚 "江畔何人初见月,江月何年初照人";"不知江月待何人,但见长江送流水",与苏东坡"明月几时有,把酒问青天"不同。前者是困惑无奈于命运,后者是探究人生真谛。

【案例品鉴】 美国小提琴家梅纽因赴日本演出,一个鞋童凑钱买了一张门票,这令梅纽因格外感动,很想给鞋童一些什么帮助,便问鞋童需要什么,鞋童回答,就希望听到琴声。梅纽因便送一把琴给他。后来,有许多人出高价想从鞋童手里把琴买走,但遭到拒绝。

富贵不移,威武不屈,鞋童心中明确自己最想要的是什么,他坚守住了比金钱更发光的信念。世界上灿烂的不仅是金子,更有信念和理想。"金钱可以买来食物,但买不来食欲";可以买来席梦思床,却买不来床上的梦想。

每个人追求的,想要的,就是你心中的好。怎样才好?什么是好的标准?——适合。恰到好处。欲把西湖比西子,浓妆淡抹总相宜。不苛求"正确姿势",但取自己舒适的姿势;舒适,便是姿势的最佳状态。

为了保证所要的获得,要勇于和坦然地暂时放弃一些重要的坚持,果断地省略和删除掉平时比较在乎和顾及的东西。手段服从目的。只要目的实现,在法律的底线上,采取什么样的手段都是合理的。

明智的艺术就是清醒地知道该忽略什么的艺术。

林中出现两条岔路,我循着看似人迹罕至的小径前进——这个选择成了以后所有的不同际遇。

一是选择的成功,一是岔路的成全。人生就是选择放弃的艺术,善于放弃是成功者的共有经验。拾起……放下……是一生需要练习的句型。

【案例品鉴】 晋人王子猷居山阴(今绍兴)。一日,夜降大雪,四望皎然。遂一边酌酒,一边咏左思《招隐》诗,忽然忆起戴安道(戴逵,画家)。便唤醒家人,夜乘小船去访。经宿方至,却造门不前而返。人问其故,答:"我本乘兴而行,兴尽而返,何必见戴?"

王子猷雪夜出游,要的就是尽兴。兴既尽,便达目的,访戴已无必要。"王子猷现象"仿佛穿越到了卡夫卡小说《突然的散步》,一日,卡夫卡忽然想到一个朋友,遂突发念头:"看看他过得怎样。"

【案例赏鉴】 "因这年秋尽冬初,天气冷将上来,家中冬事未办,狗儿未免心中烦躁,吃了几杯闷酒,在家里闲寻气恼,刘氏不敢顶撞。因此刘姥姥看不过,便劝道:'姑爷,你别嗔我多嘴:咱们村庄人家儿,哪一个不是老老诚诚的,守多大碗儿吃多大的饭呢!'"

——《红楼梦》

速度定理:速度多快,取决于能站多稳。

【案例品鉴】 一位外国出租汽车司机,会十几个国家的语言。他曾经是大学的历史教授,但他发现自己和学生沟通不好,就辞职去当了一名导游;导游工作受时间的严格限制,他觉得也不是自己的选择,便没干多久。后来他发现做

26

出租司机很适合自己，既自由自在，又可以用掌握的语言技能向国外游客介绍本国的名胜古迹和历史，从此，快乐便覆盖融化了他每天的生活。

生命属于至爱。至爱是有个性的，有人爱经商，有人爱做官，有人爱艺术……一个人的爱可以是多样的，但总有一样属于至爱。至爱并非孤枝独叶，相反需要其他爱的扶衬，甚至彼此相互交叉和部分包容。每一条道路都有自己的目标，每一朵鲜花都明白自己开放的理由。重要的是在纷繁的爱中，弄清你最爱什么，你最需要什么。如此，你就有了方向，有了自信，有了重点，有了统摄，有了引领，生活就会因此变得主次分明和充实轻松起来。

什么都可以忘记和忽略，只要从不忘记自己是谁。不管走多远的路，万万地记着是从家出发。"曲径通幽处，禅房花木深"。人生常常会被置于三叉、五叉路口，博尔赫斯所谓"曲径分叉的花园"。如果你被岔路所困惑，迷惘，那么就退回到最初的立场，找回最基本的问题：我是谁？我要什么？在明确"我需要什么"之后，还有一个更高层次的升华等候与我们相约，那就是"我不需要什么"。如果"我需要什么"更多地基于本能，那么"我不需要什么"更偏重于理性。手握一柄

"我不需要什么"的长剑,就会斩断许多诱惑的藤蔓,与轻松一路相伴。

3　平台思维

平台比能力重要。平台是所有条件的合力。

每个人的头顶都有一片天空,都有一轮太阳;每一双脚下,都有一方土地,都有一个活动平台。

平台不是静止的、固定的、一成不变的。平台具有动态性,活态性。

家庭,人生的第一平台,在你降生之前,生活已经为你做了安排。你生命亮相的场景,你睁开眼睛看到的一切,都已经先你而存在,容不得你做任何选择。这是上帝赐予每个人最初的权利、自由与财富,是我们的生存之本与生命依托,是我们瞭望外面世界的窗口,是连通世界的"新大陆"。

海子:"我有一座房子,面朝大海,春暖花开……"一座房子,是宇宙对于一个人的具象化,是一个人的童话世界,也是一个人的出发站和加油站。

平台常常成为造成人与人差异的决定因素。同样的石头,雕成火焰便有燃烧感;雕成水便流动清凉;雕成玩物便养尊处优;雕成台阶便承受脚印;雕成女人便闪烁魅力;雕成男人便展示力量;雕成佛像便微笑神秘;雕成廊柱便支撑使命。正是:寻常一样窗前月,才有梅花便不同。

"嗟乎!苔之生于林塘也,为幽客之赏;苔之生于轩庭也,为居人之怨。斯择地而处,无累于物也,爱憎从而生。"(王勃《青苔赋》)

残荷欲说春将尽,落花犹似坠楼人。一个圣诞之夜,诗人哈达围炉而坐,室暖生春,丰筵盛馔,满怀诗情打算过一个人间尽欢的良宵佳节,只是无意间朝窗外一瞥,蓦见一只瑟瑟然立于雪树枝头的小鸟,伸长脖子去啄一枚僵冷的小果,却仿佛被一粒子弹射中,沉重跌落在凛烈的寒风中。哈达走到窗前,用颤抖的手擦去玻璃上的水蒸气:鸟!连一个快乐的夜晚你都不肯给我吗!

生命不仅是一个有机物,而且是一个关系体,是一座系统工程。一个人生活天地里的一草一木,一蜂一蝶,组成其赖以生存的环境,它们都是你的生存条件,皆与我们生命息息相关。优化与它们的关系,保证环境的优质和谐,以形成成功的合力。

如此,一个人还应有第二个平台,不仅是你生活续延的现场、环境与空间,更是你实现价值,展现独特风采的舞台。要找到适合自己发展的第二平台:工作,职业,事业。一个人围绕一件事情转,世界就会跟着你转;如果你围绕着世界转,空对空地转,世界就会把你甩在一边。

拥有属于自己的第二平台,并努力经营好,像农民耕种好自己的土地。经营好第二平台还包括,要让自己的平台与别人的平台发生有效对接与联动。与外界缺乏联系互动的平台,无异于一座孤岛。

《世界是平的》一书提醒我们,每个人都在全球化的平台创造自己的价值。

因为地球是圆的,所以每个人都是中心;因为地球是圆的,所有事物都呈现为 360 度,并以旋转的形式存在,世界就在旋转中变化。月亮永远圆美,残缺的是我们的目光。把"不可能"删除到废件箱, 让你生活的荧光屏闪烁一个词——我能! 因为地球是圆的,一切皆有可能……

"怀着一种乡愁的冲动到处去寻找家园", 这是德国诗人诺瓦利对哲学的解读。不,我们不要这样的哲学,我们"要像诗那样生活"(德国女诗人萨拉·基尔施);要像荷尔德林说的那样"诗意的栖居"。

汉语"们"字提示我们：每个人的生活中都有一扇门；"位"字告诫我们：人只有立起来才会有位子。

既不可像常春藤攀缘依附他物，更不能像蒲公英打着伞漂泊，或如无根的浮萍，随风流浪。而应该是一株树与另一株树对话，一座山与另一座山比肩。

【雅文品赏】 舒婷《致橡树》：我如果爱你——/绝不像攀缘的凌霄花/借你的高枝炫耀自己/我如果爱你——/绝不学痴情的鸟儿/为绿荫重复单调的歌曲/也不止像泉源/长年送来清凉的慰藉/也不止像险峰/增加你的高度,衬托你的威仪/甚至日光/甚至春雨/不,这些都还不够!/我必须是你近旁的一株木棉/作为树的形象和你站在一起/根,紧握在地下/叶,相触在云里/每一阵风吹过/我们都互相致意/但没有人/听懂我们的言语/你有你的铜枝铁干/像刀、像剑/也像戟/我有我红硕的花朵/像沉重的叹息/又像英勇的火炬/……

人生须有"三定"：定位,定向,定力。

定位：拥有一份工作或事业。这是一个人生存与生活的基点与支撑,是人的第一需要和第一条件,是一个人每天的出发站,是一个人"从哪里来"的提醒,也是一个人与社会发生链接的切点,及与他人对话交往的平台与窗口。

定向:明确"你要去哪里",方向决定道路,任何时候都不要迷失方向。眼里有方向,行动才会自觉。

定力:知道"你需要什么",需要决定追求。不可跟风,不做攀比,守住原则和底线,任凭风吹雨打,我心拒绝动摇。

《圣经·马克福音》:耶稣走到美丽的无花果树跟前,但树上没结任何果子,耶稣因此诅咒了那棵树。第二天,当他们经过那棵树旁时,一个门徒发现它已经死了。

马克·戈尔曼:上帝,您对这棵树的审判岂非过于严酷了?任何无花果树在那个季节都不会有果子的。

上帝:如果你所做的一切都会自然而然地来临,那么人们就不会记起我来了。

马克·戈尔曼(开悟):上帝不希望我们只做那些与生俱来的事情,不要只做那些舒适与方便的事情。顺其自然是平庸无奇的。平庸是你我最后的一条路。耶稣以那棵小树为例告诉我们应该怎样去做。他希望那棵树不但多产,而且要终年结果。

4　耐性思维

　　耐性是一种修养、修炼和品格，是一个人意志的坚持性、自制力与积极的态度、信心这些个性心理特征相结合而产生的一种状态，也是对一个人意志力及文明号素质的考验和检测。耐性表现为遇事不急躁，不厌烦，沉得住气。耐性产生的力量谓之耐力，"路遥知马力，日久见人心"。《儿女英雄传》第十六回："且耐性安心，少烦勿躁。"

　　耐性定律：任何一种环境因子对每一种生物都有一个耐受性范围，范围有最大限度和最小限度，一种生物的机能在最适点或接近最适点时发生作用，趋向这两端时就减弱，然后被抑制。对具体生物来说，各种生态因子都存在着一个生物学的上限和下限，它们之间的幅度就是该种生物对某一生态因子的耐性范围，又称耐性限度。

　　【案例品鉴】　中国近代画坛的一代宗师齐白石，对篆刻也有极高造诣。齐白石年轻时就特别喜爱篆刻，曾向一位老篆刻艺人虚心求教，老篆刻家对他说："你去挑一担础石回家，要刻了磨，磨了刻，等到这一担石头都变成了泥浆，那时你的印就刻好了。"日复一日，朝乾夕惕。齐白石将一块块石头刻了磨平,磨平了再刻。手上磨起了血泡,结起了厚茧,一担础石终于都"化石为泥"了。坚硬的础石磨砺了齐白石的意志,也磨炼了他雄健、洗练,独树一帜的篆刻风格,其篆刻艺术遂练就到出神入化、炉火纯青的境界。

【案例品鉴】 一位渴望成为亿万富翁的商人,求拜一位高僧。高僧带他走到僧庙庭院一株茂密的百年老树下说:"如果把庭院的落叶扫干净,我会把如何赚到亿万财富的秘诀告诉你。"商人心想这有何难,就接过扫帚开始扫了起来。从庭院一端扫到另一端,眼见就要扫完了,可一转身发现刚扫过的地上又掉了满地的树叶。懊恼的他只好加快速度,希望能赶上树叶掉落的速度。可是扫了一天,地上的落叶和刚来时还是一样多。商人很生气,扔掉扫帚,去问高僧为何这样开他的玩笑。

高僧指着地上的树叶说:"欲望就像这地上扫不尽的落叶,层层盖住了你的耐心。耐心是财富的声音。你心上有一亿的欲望,身上却没有一天的耐心。就像这秋天的落叶,一定要等到冬天叶子都掉光后才能扫得干净,可是你却希望在一天就扫完……"

为了回报商人扫地的辛苦,高僧告诉商人说,在他回家的路上会经过一个谷仓,仓里有 100 袋稻米,每袋有 100 斤重。如果你把这些稻米搬到谷仓外,那么稻米堆后面有一扇门,推开门会看到一个宝物箱,宝箱里是善男信女们所捐赠的金子,数量不是很多,就当作是今天你帮我扫地和搬稻米的酬劳。

果然,走了一段路后,商人看到了一间谷仓,里面整整齐齐地堆着小山一样高的稻米。在金子激励下,商人把一袋袋稻米搬到仓外后,看到仓里果真有一扇门,他迫不及待地推开来,找到并打开了宝物箱。

然而,宝箱内是一小包麻布袋,伸进手抓出来的却不是什么黄金,而是一把黑色小种子。失望之际,忽然发现一张纸条,上面写着:这里没有黄金。

商人愤怒地转身走出来,却见高僧正站在门外。高僧双手握着一把种子轻声说:"你刚才所搬的百袋稻米,都是由这一小袋的种子费时四个月长出来的。你的耐心还不如一粒稻米的种子,怎么能听得到财富的声音?"

"一粒稻米,职守耐心,终成满仓稻粱。"一个人,唯有耐心,才能听得到财富的声音。

耐性,可用钢铁般的意志做注解。

远足目标,需要耐性作支撑。

"是最后一把钥匙打开了门。"

1是最小的数目,积累起来就会成为最大。而最后的积数,正是前面所有1的意志的集中体现和力量的引爆。开水的沸点是100度,99度加1度。正是最后1度,使事物像冲破黎明前黑暗的日出那样,刹那间发生质变。民谚有"麦黄一晌"之说,每天都是油绿油绿的麦田,突然有一天,中午歇了一个晌,下午再去到麦地,竟是满眼的金黄灿灿了。

有多少美酒,源自岁月的酝酿;有多少崛起,蕴涵着漫长的积淀;有多少飞翔沉淀了耐心的等待。

人的全部本领不过是耐心和时间的混合物。

——巴尔扎克

我有两个忠实的助手,一个是我的耐心,另一个就是我的双手。

——蒙田

忍耐是痛的,但是它的结果是甜蜜的。

——卢梭

耐心是一株很苦的植物,但果实却十分甜美。

——德国谚语

才气就是长期的坚持不懈。

——福楼拜

坚持对于勇气,正如轮子对于杠杆,那是支点的永恒更新。

——雨果

耐心和恒心总会得到报酬的。

——爱因斯坦

耐心是高尚的秉性,坚韧是伟大的气质。无论何人,若是失去耐心,便失去了灵魂。

——培根

耐心是一切聪明才智的基础。

——柏拉图

所有人类的错误无非是无耐心,是过于匆忙地将按部就班的程序打乱,是用似是而非的桩子把似是而非的事物圈起来。

——卡夫卡

耐性并不是与生俱来的能力。它是一种艺术,一种心态,一种适应周遭环境的方式。

——泰曼·特尔瑞

"耐性"是当你内心布满愤怒的火焰时,仍能让你展现宁静风度和智慧光彩的能力。耐性生长出来的耐力,常常成为最后胜负的裁判。

成功的机遇总会照亮有准备的眼睛。黄河壶口瀑布、尼亚加拉瀑布,飞流直下,豪情万丈,都经历了曲折而漫长的积累。

种子启示:一棵苹果树大约有 500 个苹果,每个苹果里有10 粒种子,种子数远远大于苹果树的成活率。这是种子对果树成活的朴素奉献,它告诉我们,一次成功的背后,积淀有多少回艰辛的尝试。

"守株待兔"这一成语生动活泼,在生活中使用率极高,可惜一直坐在贬义词的椅子上。守候与等待的花苞,总会绽放美丽与芬芳。蚌壳苦苦而漫长的煎熬,终究会孕出光灿圆美的珍珠。

系好第一道扣子至为关键,最后的谢幕也颇显重要。谁笑到最后,谁笑得最好。若失之轻疏,难免自酿苦饮。一个老木匠行将退休,老板很是不舍,便请他最后再建一座房子。怎奈老木匠心已走离,应而付之。用料不精,做工粗糙。房子建好之日,老板拉着老木匠的手说,这座房子是送给你的退休礼物。这……老木匠听了羞愧无言。

【案例品鉴】 一老父带儿子拜一位师傅学艺，师傅带年轻人来到一个湖边，指着湖水说，你每天和太阳一同起来后,就到湖边吹湖里的水。如此吹够三年，湖水就会打滚翻过来。年轻人朝乾夕惕吹了两年半,没有发现湖水有什么变化,对师傅的话产生了怀疑,遂一拍屁股打道回府了。其父见儿子未足三年就归来,便问缘由。儿子叹一声气,正要回答,一睁眼,发现父亲不见了。哪去了?原来竟是被他的那一口气吹跑的。

【案例品鉴】 哥伦布的船队向西,再向西。两月后,四顾苍茫,海天一色,便有船员"揭竿"动乱。哥伦布只好答应,若三天后仍看不到陆地,就立即返航。然而第三天船员们突然欢呼起来,一线蜂蜜色的陆地剪影,扑入他们的眼帘,那就是连接今天北美洲的巴哈马群岛。从这天起,割裂的世界告别了封闭,浑然连成了一体。

当跳水运动员田亮击败俄罗斯名将第一次站在领奖台上时,他所梦想的情景并没有出现。人们依然热情地涌向曾经的冠军,而仿佛忽略了他的存在。这就是积累,是时间的力量。事物的形成需要过程,消失也需要时间。

十月怀胎,一朝分娩;量变引起质变;物极必反,说的都是这样一个道理。功到自然成,功就在于积累积淀。"长堤树老阅人多,山到成名毕竟高"。

耐性,需要豁达、乐观和自信,让坚持的道路洒满快乐的阳光。

即使苦难也要视为生活的一份恩赐,"天将降大任于斯人也,必先苦其心志,劳其筋骨……"苦难的黑色光芒,比金色的明亮更深刻更锋利,可以穿透事物的表层,照彻事物细微的根部,让你的道路更加坚稳和真实。

【案例品鉴】 刘禹锡参与王叔文革新被贬为朗州司马,十年后重被起用,写下了《元和十年自朗州召至京戏赠看花诸君子》:"紫陌红尘拂面来,无人不道看花回。玄都观里桃千树,尽是刘郎去后栽。"因此诗讽刺权贵,再度被贬。14年后又被召回长安,以《再游玄都观》,证明自己坚韧的性格:"百亩庭中半是苔,桃花净尽菜花开。种桃道士归何处?前度刘郎今又来。"

耐性是一种考验,考验一个人的承受能力和意志品质。耐性让我们想到狼,人的确应该向狼学点什么。岂止是狼,有时一只小虫子所表现出来的坚韧,也常常令我们为之赞叹。

一只小红虫：一天，我在小院散步，无意间，看到一只小红虫子。多小？如果不是它的颜色鲜亮，如果不是在一块黑色的石板上爬走，无论如何你都不会发觉它的存在。我当然无法弄明白它是在忙乎什么，是外出谋生，抑或是回家探亲。但那行色匆匆的状态中，分明传达着一种奋勇向前，义无反顾的信息。其实在效果上，它行走的速度是极慢的。比如，你随便迈一步的尺寸，它大概要跋涉半天；石板上一痕浅浅的裂缝，它却要为之付出翻越一座大山那样的努力。受好奇心的驱使，我在小红虫子前面放置了一粒微型的石子，它顽强地攀登了几个回合，都没有成功。不知是累了，抑或是气馁了，小红虫子停在了那里，我仿佛听到了它喘气的声息。我遂想，小家伙这下该打道回府了。谁知，就在我眨眼之隙，不知是从石子旁绕过，还是从石子下面钻过，小红虫子竟然越过了横亘在面前的"高山"，继续走在它要走的路上。

美国物理学家普·巴克研究：一粒一粒地堆沙子，当堆到一定高度时，即使落下一粒，也会导致整个沙堆坍塌。就像阿拉伯谚语：压垮骆驼的最后一根稻草。

当唐代诗人贺知章感慨"不知细叶谁裁出"，疑是"二月春风似剪刀"时,殊不知一株树为这一片细叶的吐绿,整整呕心沥血了一个冬天。花草树木饱含了泥土的温暖,让在大地上不知疲倦、日月行走的寒风,从脚开始,一节一节变得和煦起来。

耐性有时是一种煎熬,因此需要咬定青山不放松的毅力;泰山压顶不弯腰的精神;日月长在,天生我才必有用的信念;十年寒窗无人问,一朝成名天下知的憧憬;山重水复疑无路,柳暗花明又一村的期待;风物长宜放眼量,而今迈步从头越的乐观。

耐性与压力天敌。羚羊与狮子同样承受生存压力。镜头一:狮子没追到羚羊,狮子饿死。镜头二:羚羊跑不过狮子,被狮子追获吃掉。

有人说,压力与能力成正比。有人说,人必须负载压力,就像船只必须承担一定重量,否则会被海风刮成流浪汉。而丹诺却说:"人只要受到轻微的压力,就可以退回到原始的野蛮状态。"因此,人一方面要培养抗压能力,一方面要学会自我减压。

耐性常与困难结伴。困难常常教会我们更多的东西,并成就了我们的事业,在这个意义上,我们有时需要对困难说一声:谢谢。

【案例品鉴】 麻省理工学院用铁圈箍住南瓜,从500磅,层层加压,直到产生5000磅的抗压能力。这时的南瓜,根部延展8万英尺,且层层纤维,如裹如缠,已是无法食用。

忍与耐组成"忍耐"一词。忍需要修养,需要胸怀,需要承担痛苦,需要有宽容之德、雅量之器,需要拓展胸襟,扩大内存。

雨果说:最伟大的人,也是最能忍辱的人。

弘一法师:不让古人是谓有志,不让今人是谓无量。

弘一法师:自家好处藏几分涵以养深,他人不足容几分厚以养大。

承认、尊重和欣赏差异,尊重别人独立的价值观念,是一种美德。

伟大的人物从不计较不重要的事情。喜欢争吵打闹的总是那些小动物。

雨果:"世上最宽广的是海洋,比海洋宽广的是天空,比天空更宽广的是人的胸怀。"

安德鲁·马修斯《宽容之心》:"一只脚踩扁了紫罗兰,它却把香味留在了那只脚上,这就是宽恕。"

大江有形面朝东，

长风无影顺天行。

胸怀一片艳阳天，

夜半做梦也光明。

静默从容，心定气平。有容德乃大，无求品自高。"谦谦君子，温润如玉"。

曹操闻治世能臣、乱世奸雄之评论，不仅不怒，反而乐得开怀大笑；武则天读骆宾王讨伐檄文，不禁为文采所动，连连称赞。

奥格尔维法则：如果每个人都雇佣比我们自己更强的人，我们就能成为巨人公司。

张瑞敏："我觉得过去就是管控，现在是怎样让每个人都成为企业家。"

【案例品鉴】 楚庄王绝缨会：楚庄王一次秉烛大宴群臣，突然一阵风吹灭了红烛。其中有一位下臣酒兴发作，竟握了一下宠姬的手。宠姬一把将那人的帽缨揪了下来，并匆匆走到楚庄王跟前，要他赶紧点烛，好抓住那个对她非礼之人。楚庄王却对掌灯人说，且慢点烛，刚才大家喝得太斯文，现在大家干脆都把帽缨摘掉喝个痛快。后来在一次对外激战中,有一将冲锋陷阵,勇立大功。他谢过楚庄王的嘉赏说,那次"绝缨会"上酒后失礼之人正是卑臣,幸被楚大王赦免,今得以舍命相报!

【案例品鉴】 在莎士比亚的历史剧中,君主往往是反面角色。

而伊丽莎白女王并没有下令禁止演出,尽管在《哈姆雷特》剧中有"脆弱啊,你的名字叫女人"这样的台词,但并不影响女王此时就坐在舞台对面的包厢里。一位作家曾描述这位 25 岁登基、终身未婚的女王:这只凶狠的老母鸡一动不动地坐着,孵育着英吉利民族。这民族初生的力量,在她的羽翼下,快速地变成熟,变统一了。她一动不动地坐着,但每根羽毛都竖了起来。1865 年,英国经济学家杰文斯如是描绘:北美和俄国的平原是我们的玉米地;加拿大和波罗的海是我们的林区;澳大利亚有我们的牧羊场;秘鲁送来白银;南非和澳大利亚的黄金流向伦敦;印度和中国人为我们种植茶叶;我们的咖啡、甘蔗和香料种植园遍布东印度洋群岛。我们的棉花长期以来栽培在美国南部,现已扩展到地球每个温暖地区。

"忍",心字上面一把刀。小不忍则乱大谋。忍一时之气,免百日之忧。得理让三分。得饶人处且饶人。一只狗咬了你一口，狗占了便宜还在那里狂吠，而你却无法与它计较，只好跺一跺脚，认了，忍了。

"忍下无小，以忍进德。"忍者无敌。

尼采："只有经历过地狱磨难的人，才有建造天堂的力量。"

【案例品鉴】 战国时期，梁国与楚国交界，两家边界士兵都种了西瓜。梁国的西瓜绿油油的长势极好，而楚国的由于无人关心瓜事，瓜秧长得瘦黄柔弱。一天夜半，楚军乘月黑星稀，把梁国的西瓜好一番践踏。第二天梁军发现后气急之下要去报复，梁军首领劝止说：从今天起，每天晚上咱们给他们的瓜地浇水，让他们的瓜也一样长得茂茂盛盛。后来，楚军首领听说了这件事的缘由，觉得既惭愧又佩服，特带礼物亲临梁国面谢，两国遂消弭敌意，成为友好邻邦。

【案例品鉴】 犹太法学者抓住一个通奸的妇女，要求把这个女人绑上石头沉入河底。耶稣说，那就让你们中间没有罪孽的人先来给她绑石头吧。听了耶稣的话，人们面面相觑，随即一个一个悄然地走开了。

在上帝那里，没有一个做事不出差错的孩子。公正宽容地对待他人,就是公正宽容地对待自己。

忍耐包括承受挫折。曲折坎坷也是财富,酸甜苦辣都是营养。

苏格拉底:"逆境是磨炼人的最高学府。"

比尔·盖茨:"逆境中的人更能发挥他的潜能而成就一番事业,所以永远不要小看逆境中的人。"

约翰·那什:"比理智的力量更伟大的唯一东西,就是内心的勇气。"

叙利亚诗人(阿拉伯诗人)阿多尼斯:世界让我遍体鳞伤,但伤口长出的却是翅膀。

平缓的流水,只有撞到礁石才能展现出炫丽的浪花;只有纵身跳下万丈深涧,才能创造一挂惊世飞瀑。

有多少曲折,就有多少前程。有多少挫折,就有多少升华。在痛苦中承担,在承担中超越。承担痛苦的程度,决定达到的高度。

一个外国企业决心进军中国市场而发布宣言:中国有5000年的历史,我们在中国市场的成功也要有5000年的耐性。

新一代百事女王英德拉·努伊的座右铭:"请保持饥饿,

请保持愚蠢。"与中国古训生于忧患死于安乐有异曲同工之妙。

忍耐意味着执着。龟兔赛跑,重要的不是赢在多快,而是方向正确和坚持不懈。

桃树活三年不算活,枣树死三年不算死。新疆胡杨树生命"三千岁":活千年不死,死千年不倒,倒千年不朽。天无绝人之路。隧道再长总有出口,黑夜漫长也会有尽头。蚯蚓是在没路的地方钻出道路的,钻出新道路的蚯蚓渺小而伟大。生意如牌,人生如牌,总有一张是想不到的,想不到,总向我们释放美丽强烈的诱惑。转弯处,拐角点,总有别样的风景。亨利·福特进军汽车业前三年,曾破产过两次。

美国一企业家说:年轻人需要多犯错误,因为错误是事业发展的最好燃料,它让你懂得如何扭转逆境。我们只要学会如何不再犯同样的错误就可以了。坚持这样的原则,你会比那些保守的人更容易取得成功。

是的,智者也犯错误,只是他不犯重复的错误。

【绕开误区的提示牌】

任何忍耐都是有条件的,要为有价值、有意义的目标保持忍耐,而非为忍耐而忍耐。

忍耐与心计格格不入。忍耐的屋子里不是伸手不见五指的黑暗,而是一片光明,即使寒冷也是冰雪灿烂。忍耐不是忍辱负重,不是苟且偷生,而是胸襟坦荡,仰望星空。人算不如天算。"机关算尽太聪明,反误了卿卿性命"。

5 自信思维

自信如金。

居里夫人:"自信,否则没人信你。"

苏格拉底:"一个人能否有成就,只看他是否具备自尊心与自信心两个条件。"

爱默生:"自信是成功的第一秘诀。"

柏拉图:"我们的生活有太多无奈,我们无法改变,也无力去改变。更糟的是,我们失去了改变的想法"。于是"每天告诉自己一次,'我真的很不错'"。

比尔·盖茨:"微软离破产永远只有 18 个月。"

林肯给胡克将军写信:"你很自信。即使这不是一个人不可缺少的品质,至少也是一个难能可贵的品质。"

美国齐·吉拉德:"记住一句有力量的话:如果你觉得你能你就一定能。"

苏轼:"谁道人生无再少,门前流水尚能西。"

李白:"天生我材必有用,千金散尽还复来;长风破浪会有时,直挂云帆济沧海。"

王安石:"不畏浮云遮望眼,只缘身在最高层。"

欧阳修:"今年花胜去年红,可惜明年花更好。"

哪位哲人如是说:"人生犹如一条长河,奔流不息,信心就是那河流的源头,太阳下的积雪。"

拿破仑:"凡事必须要有统一和决断,因此,胜利不站在智慧的一方,而站在自信的一方。""做你自己的主人"。"如果你认为自己是一只老鼠,那么最后的结果只有一个,就是成为猫的食物"。"人生之光荣,不在永不失败,而在能屡败屡战"。"我们应当努力奋斗,有所作为。这样,我们就可以说,我们没有虚度年华,并有可能在沙滩上留下我们的足迹"。

多美丽的礁石也会被海水淹没,除非你是一座高山。

伟人都是信心托起来的高山和巨峰。

拥有坚强的信心,平凡人也可以成就一番惊人的事业,也可以变成你向往和崇敬的伟人。

许多时候,不是由于事情难做才失去自信,而是因为失去了自信,事情才显得难以做到。

难能可贵,是的,因为难能,方显可贵。

如果你不同意,谁也无法把你击倒。纵然被击倒也并不意味着失败,除非你倒在那里不再起来。心理学家阿德勒:人具有一种反败为胜的力量。

每个人都有巨大的潜能,重要的是把它激发出来,比如用"引爆"这样的动词。

咦!沙漠怎么变了?不,沙漠没有改变,改变的是你自己。

最可靠的是靠自己。我的生命我的人生我的一切我做主。

恺撒对暴风雨中的水手说:放心吧,有恺撒坐在你的船上!

篮球定律:心中充满激情之时,即使受到外力发生凹陷,也会瞬间弹起饱满如初。倘若体内气体不再充盈,稍有凹瘪,就会疲软不起。

中国 2005 年度"超女"主题歌:想唱就唱,要唱就唱得漂亮。即使台下没人鼓掌,也要自我欣赏。总有一天,会看到舞动的荧光棒。

脚下即是舞台,每个人都是主角。把自己当成主角的时候,每一步都是阳光追踪的舞台。

"女人,弱者的名字"。"女人是水做的"。请听一位女士自信的解释:上帝造出男人后,看了一眼说,"我可以造出更好的",然后就造出了女人。

一个人获得多大成功,取决于你心中拥有多大的自信。高山大海都不足以信,都不足以承载你的梦想与希望,除了你的自信,你的思想。

毛泽东一生充满自信,以诗言志曰:"自信人生二百年,会当击水三千里。"

谋事在人,成事在天。天时地利人和。这里的天,不是迷信,而应该理解为一种社会提供的时机,是天时、机遇。而机遇,总是献给有准备的人的花朵。

我不知道这粒种子种下去会长出什么样的庄稼,能否结出稻谷或者是其他粮食。我只知道我现在要做的就是不违农时,把这片土地整理好,把种子种下去。种吧,把种子种下去,秋天,总会到来的。

英国画家威廉·透纳,是一位"仅仅用色彩就能创作的高手",他的格言格外耀眼:"太阳就是上帝。"

据说,命运的一半在上帝手里,另一半就在你手里。而你手里一半的命运权,就百分之百属于你自己掌控。

谁能想象出一个拥有两家咖啡馆两家酒吧两家高尔夫球俱乐部的企业家竟是个文盲?这个来自加拿大的成功企业家说:值得庆幸和骄傲的是,我会写四个字,而且写得十分漂亮,这就是我的名字:艾德·舍克。

求神不如求自身,拜佛还须拜自心。上帝按自己的模样创造了人,人就被赋予了超越平凡的天赋。因此,不要盲目地高看任何一个人,当然也不要随意地看轻一个人,重要的是正确地认识自己。

一个最优秀的母亲,生出的婴儿也只会是男孩或女孩性别的区别,而绝没有贴着成功或失败者的标签,也不会是科学家、艺术家或是政治家的先天定型。

地球上有十几亿几十亿人,但从前没有,以后也不会有另一个你存在于这个世界上。你是唯一的,你在为此感到骄傲的同时,更要意识到从人生一开始,你就拥有了一种生命巨大的价值。生命是最宝贵的资源,不做充分利用,就会流失和浪费。

科学资料介绍:人每说一个字,大脑就要协调72块肌肉完成。人脑所存储的信息,比计算机容量的 90 倍还要大。

这再清楚不过了,我是说成功和幸福,它们既不是机遇,更不是偶然,而只是你的选择——性格的逻辑选择,思想的函数结构。由此请记住:无论你身处怎样的境遇,都是你自己的选择,任何外因都是条件而不是主导依据。

一个人不再为自己找借口的时候,就标志着他踏上了希望之路。2008 年金融海啸席卷全球,有一句话深得认同:信心比黄金更重要。信心在,梦就在,大不过从头再来。信念断裂,人生大厦就会轰然坍塌,世界就成一片乱石荒草的废墟。

【案例品鉴】 美国曾做过一个"天才试验":从 10000 名学生里随机抽取 20 名学生的名单,校长宣布说,这是国家研究天才的科学家经过长期的测试和研究后发现的天才。名单公布了出来之后,这 20 位学生很激动和很兴奋:"哇,我们是天才,是经过测试出来的天才!"20 年后,这 20 个当初虚拟的"天才",果然成了 10000 名同学当中最卓越的人才。

【案例品鉴】 美国《企业家》杂志于 1904 年创刊,春秋百载,扉页上发刊词光亮如初,且被奉为"企业家誓言":"我是不会选择做一个普通人的。如果我能够做到的话，我有权成为一个不寻常的人。我寻找机会，但我不寻求安稳，我不希望在国家的照顾下成为一名有保障的国民，那将被人瞧不起而使我感到痛苦不堪。我要做有意义的冒险。我要梦想，我要创造，我要失败，我也要成功。我的天性是挺胸直立，骄傲而无所畏惧。我勇敢地面对这个世界，自豪地说：在上帝的帮助下，我已经做到了。"这段话摘自1776年的美国独立前夜小册子《常识》，作者托马斯·潘恩。《常识》对于民众的影响力，在美国独立战争期间，仅次于《圣经》。

人生五大误区：一是不敢相信自己，忽视自己的潜能隐力。二是一件事情没办好总是找借口找托词，而不从自身找原因。三是容易为别人成功的光环所迷，放大他人的能耐，弱化自己的信心。用自己"十年寒窗无人问"的失意，比照他人"一朝成名天下知"的风光，便发怀才不遇之叹。四是用自己的心理揣度别人，惯把自己的想法强加他人，常用句式"我估计、我分析、我推测他……"五是关心别人胜过关心自己，见别人比自己好心理就失衡，不是见贤思齐，而是见贤生妒。看到他人失意比自己中奖还高兴和庆幸。即使与自己不熟悉的人的隐私，也热衷去听，且听得津津有味，如品一碟下酒小菜。

【案例品鉴】 一个人在乡村小道上走着迷了路，他问一个农夫：请问，这条路通向哪里？农夫不加思索地说：孩子，如果你走对了方向，它可以通往世上任何一个你想去的地方。

【案例品鉴】 一位画家因画 20 美元的假钞而被捕，而他的绘画作品后来每幅都拍卖达到了上万美金。画家叹说：丢东西最多、损失最大的是他自己，而偷走他一切的也正是他自己。

【案例品鉴】 一个小孩用几分钟的时间，就将父亲撕碎的世界地图拼好。望着父亲诧异的目光，孩子天真地说，这很简单，因为地图的背面是一个人像……好了，我明白了，孩子：只要人正确了，这世界就正确了。

【案例赏鉴】 一个小孩手里握着一只小鸟考问一个智慧老人：您能猜出这鸟是活的死的？老人毫不犹豫地回答：孩子，如果我说是活的，你就会把它掐死，如果我说是死的，你就会松开手让它飞走。瞧，孩子，多有意思，这一切都取决于你。

【案例品鉴】 一个气球推销员放飞了一个黄色的气

球,一会又放飞了一个红色的气球。一个小孩跑过来说:叔叔,如果是黑色的气球,它也能飞上天空吗?推销员说:气球能够飞上天,是因为它肚子里的东西,而不是它的颜色。(人也一样,是内心深处的东西使你向上,而不是外表的附加值。)

没有开始就不会有到达,而好的开端,往往会带来好的结果。一个人早晨听到一个好的消息,或者接了一个赞美的电话,就像音乐唱响了一个明快的前奏,一天都会快快乐乐。好心情带得好运来,所谓人逢喜事精神爽。相反,早晨的情绪受到负面影响,一天的精神状态就如同霜打的茄子,人生的曲谱就会被忧郁的雨打湿。

情绪是自信的练习课,自信是情绪的疗伤剂。调整好情绪,保持一腔饱满积极的情绪,让生活的云层永远照耀温暖的亮色。

论情绪:情绪如花,如花之美丽,如花之青嫩,脆然易折,娇然易伤,需悉心呵护,精心培植。

情绪之花,每天都要承接五颜六色的信息风雨,视觉信息,听觉信息,味觉信息,触觉信息……信息风雨,有的显润泽之效,有的带侵袭之害。利好信息营养精神,激活和振奋人的情绪。而消极不良的信息,腐蚀、干扰和破坏人的心境。一群阳光灿烂的朋友聚在一起,情绪就会被点燃,灿然迸放出创造力的青春火花。而一个神情忧郁的人离开后,正像《狼道》作者特瑞曼所说,整个房间都仿佛明亮了许多。

春天来了,到处是明媚多彩的环境信息,生态信息,人们也会心花怒放,跃跃欲试。而萧瑟之秋,寂寥之冬,我们往往会无端和莫名地被郁郁惆怅的云雾轻笼。一个记者调查一桩案件,被案件里传递的恐怖信息缠绕,竟导致精神失常。欧·亨利小说那"最后一片常春藤叶子",发散秋霜不凋、严寒犹绿的信息,让一位因病而失去信心的女画家,复活了生活的信念与勇气。一首旋律明快的曲子响起,我们禁不住欢欣鼓舞,而一支低缓悲伤的音乐传来,却叫人潸然泪下。由于想象功能的作用,我们触摸到不同物质,情绪也会做出不同的反应。比如丝滑的触感,会唤起你柔软温暖的回忆。而干涩粗糙的质感信息,会激起你心中不快和不舒服的涟漪。或许我们都有这样的体验,早晨接一个信息色彩鲜亮的电话,一天都会情绪饱满,轻松愉悦。相反,一个灰色的令人压抑的电话信息,会让你蓬勃的情绪枯萎打蔫,像霜雪吻过的秋禾。

情绪在信息面前如此敏感，以至于我们必须严于对信息的遴选与甄别。要在头脑里设置一道"防火墙"，或安装一个过滤器，把不良信息、垃圾信息及时摒除。要同愉快的人相处共事，多接收光泽度强的信息。要多想愉快幸福的事情，用美好的理想和未来信息鼓舞情绪。消极的灰色的信息必须面对时，一定要保持一种平和超然的心态，避免与之发生共振。

精心呵护你的情绪，就像精心呵护一朵花。呵护好你的情绪，就呵护好了你的生活和生命，你的世界就是一座永远四季荣灿的花园。

【案例品鉴】 一个叫维克托·塞里伯利克夫的人，曾中途退学做了 17 年的多种零工，因为他的小学老师断言他不可能完成学业，建议他学一门谋生的手艺。其间，所有人都视他为傻瓜，而他自己也把自己表现得不是像而就是傻瓜一个。但在他 32 岁时，一项测试显示他是个智商高达 162 的天才人物。于是，他开始表现得像个天才，人们也都将他当成了人物。他果然写出了几本书，获得了几项专利，并成为一个成功的商人，被选为一个国际组织的主席，因为该组织的会员条件是智商必须超过 140。

【案例品鉴】 两个考生结伴进京赶考，途中看到有人家办丧事，甲视为不吉利，信心顿然受挫；而乙却认为是吉祥之兆，遇见棺材，分明暗示"升官发财"。同一件事物，两种心态最后导致两种结果，乙如愿以偿，甲名落孙山。

【案例品鉴】 有两人遇险，陷入困境，只有一个苹果陪伴。两人约定做一个游戏，谁支撑不住时就闻一闻苹果，但不许吃掉。苹果传递着信念和希望，直至两人获救。

走过放在地面上的一块长条木板，谁都不会觉得困难。如果把木板架在空中，你一定会感到紧张和害怕。

【案例品鉴】 一个高尔夫球手把球打出边界，他懊丧地自言自语道：嗨，我知道就会是这杆。我知道……他的脑海里一定浮现过这个画面，此时只不过是把那个画面用行动完成而已。而另一个人完成了一个漂亮球的入洞，他昂着头笑着说：这一杆早在我的意料之中。

米开朗琪罗在动手雕刻伊始，就在大理石中看到了大卫·摩西，看到了人们对摩西的热爱。

一个孩子数学没有考好，他的父亲说，这太正常不过了，孩子，因为你在考试前就作了考不好的准备，你曾对我说：爸爸，我的算术可能会不及格。

生活中,一个孩子如果打碎了什么东西,总是听到大人的呵斥:你这个笨孩子,总是这么不小心。殊不知,一个"笨"字,对孩子心灵和意识造成伤害是极大的,就会像在透明光洁的镜面,划下一道很难擦去的伤痕。既然父母都说我笨,那么我可能就是笨,一道阴影落在嫩芽的心灵,挥之不去,形成一种消极的暗示。说话做事就会有轻微的恐惧感,怀着"我笨"的心理,把事情导向笨的结果就有了可能性。

即使你自己不爱自己,上帝也会永远爱你。耶稣说:我做的事你也能做,而且能做得更好。

霍金:我注意过,即使是那些声称"一切都是命中注定的,而且我们无力改变"的人,在过马路前都会左看右看。

正如光明不是光明生的孩子,相反,是黑暗创造的奇迹。

哈佛大学一项研究表明:在促使人们获得成功的因素中,85%由于态度,15%由于专业技能。

艺高人胆大。虎豹孤行,猪羊成群。鹰虎从容,鼠雀匆忙。

每个人都有与别人不同的天赋。天赋隐含着一个人的发展方向和目标。比如说成为作家,首先是因为你想成为。

而"想成为"的意识,激活了天赋的潜能,成了"能够成为"和"最终成为"的心理导向。"想成为"是理想和信念所属,"能够成为"则包括了作家必需的因子和元素,而这些因子或元素,即为一个人的天赋,幸运的是蛰伏在你心中的天赋被响亮地唤醒了。

【案例品鉴】 刘邦得到吕后父亲赏识,得益于自信。吕家办事,刘邦前来祝贺,并扬言敬献令所有人都瞠目结舌的大礼,虽然是一张"空头支票",人们反应过来后都哗然笑他,但吕父却发现此人非凡,引为上座,并把女儿许配于他。

【案例品鉴】 陈胜躬耕于田野时对旁边人说:"苟富贵,勿相忘。"众人便笑他,泼他冷水。但他自信地回应:燕雀安知鸿鹄之志哉!

注意:从外部找寻其实就在自身之内的东西,是人类的一个错误。

注意:自信如果没有能力支撑,就会滑向自负。

不是所有的播种都有收获,不是只要付出就有回报。公鸡怎样努力也生不出蛋来,石头多适宜的温度也不会孵出小鸡。什么种子开什么花,什么花朵结什么果,这是自然法则。

"正义或许会迟到,但绝不会缺席。"春天,或许会来得晚一些,但一定不会失约。

自信需要理想,需要理想的照耀和哺育。

理想,是思想的星空里最明亮的一颗星星。

> 让思想站得很高很高,
>
> 像雪山之莲夜空之星。
>
> 让梦想飞得很远很远,
>
> 像日出之霞穿云之鹰。
>
> 把心灵放得很低很低,
>
> 像五谷之地百川之海。

一个人心中有了理想,行动上就有了方向。否则,有古话可作反证;人无远虑,必有近忧。

叔本华:"我们离理想越远,自然就会离欲望越近。在现实生活中,我们常常迷失在理想与欲望之中,将欲望的东西当作理想,这是因为它们有时实在太近,近到只有一线之隔。或者说欲望是感性的,而理想是理性的。"

柏拉图:"生活若剥去理想、梦想、幻想,那生命便只是一堆空架子"。

"发光并非太阳的专利,你也可以发光"。

尼采:"要真正体验生命,必须站在生命之上!为此要学会向高处攀登!为此要学会俯视下方!"

每一个不曾起舞的日子　都是对生命的辜负。

伏尼契:"一个人的理想越崇高,生活越纯洁。"

罗曼·罗兰:"理想与热情,是你航行的灵魂的舵和帆。"

> 静如瓶中水清丽,
>
> 动若高天鹰展翅。
>
> 男儿有志贯长虹,
>
> 拔剑击荒寻机起。

古人常以树雄心、立壮志勉励后人,称立志为事业的大门,直至为一味中药取名"远志"。"男儿自有冲天志,不向如来行处行"。"朝为田舍郎,暮登天子堂。将相本无种,男儿当自强"。

苏轼:古之所谓豪杰之士,必有过人之节。人情有所不能忍者,匹夫见辱拔剑而起,挺身而斗,此不足为勇也。天下有大勇者,卒然临之而不惊,无故加之而不怒,此其所挟者甚大,而其志甚远。

"诗言志,歌咏怀","志"在古代上面写作"之",下面写作"心"。"之"标志方向,所以"志"有志向之意。

人是精神的动物,思想的动物,抽掉了精神和思想,人就再无高级可言。

一个人在一篇日记中这样写道:我相信,在这一生中我将能做成一些真正的大事,当然,我现在必须去定做一个蛋糕,因为明天是我的生日——96岁的生日。

成功人士皮特的对手评价他:这个人既不会冒进也不会退缩,他一直都在飞翔。

> 夜半风雨敲轩窗,
>
> 落红泣如美人香。
>
> 但得秋来果满枝,
>
> 十分春瘦又何妨。

【案例品鉴】

大卫,是你吗?

是我,吉姆!

大卫和吉姆热情拥抱与交谈的情景,让正在干活的大卫的铁路工友们格外羡慕,因为吉姆是铁路总裁啊。吉姆视察离开后,大卫回答工友们的问题时说:23年前,我为1小时1.75美元的薪水工作,而吉姆却是在为这条铁路而努力。

【案例品鉴】 一个衣冠楚楚的商人在地铁车站买了1

美元的铅笔,付了钱却忘了拿东西,便转身回来取。见卖铅笔的小伙子有点诧异,就笑着说:你我都是商人,付了钱当然要拿回商品。"我们都是商人"这句出自一个看上去一定是成功商人嘴里的话,重新点燃了曾经富有商业雄心现在却颇为失意的年轻人的信念。几年以后,在一次重要的社交集会上,以商界新秀身份出现的那个卖铅笔的小伙子,走近曾向他买铅笔的商人说:先生,我本是一个卖铅笔的"乞丐",是您提醒我,我是一个商人!

海明威曾说:"如果你年轻时有幸在巴黎生活过,那么此后一生中,不论走到哪里,她都与你同在,因为巴黎是一个流动的盛宴。"每个人的心中,都有自己的"巴黎",也许那就是你的理想,你的美好回忆,你的信念,它是你人生的支撑与动力。

我不知道,是什么力量,使天空蓝得如此深远,深远得就像我心中的信念;我不知道,是什么样的信念,使太阳红得像人间的爱情,但我以火焰般的灿烂告诉你:生命比日出更庄严。

有实就有虚,虚与实在一个人生活中应当有一个科学的比例。现实主义要与浪漫主义相融合。"人类无法忍受太多真实。"太多的真实使人沉重压抑。马克·吐温说："没有人愿意与惯于坦率直言的人生活在一起。"

卡夫卡："让我们站定,用双脚插入意见、偏见、流言、欺骗和幻想的淤泥烂浆,插入覆盖地表的这些冲积物,直到触及坚硬的石块底层。对此,我们称之为现实。"

休斯说,"没有梦,生活就成一只折翅的鸟,就像一片冰雪覆盖之地。"

《脂砚斋重评石头记》云:"万境都如梦境看。"

态度决定高度。

梦的色彩,铺陈生命的色彩;梦想的高度,标志人生的高度。

美国教科书把人生表述为"为了梦想和兴趣而展开的表演"。而"人生"在中国词典里的定义是,人的生存和生活。积极的精神态度、良好的体格、和谐的人际关系、脱离恐惧、未来成功的希望、信念的力量、与人分享幸福的愿望、热爱自己的工作、对所有的事物有开放的胸怀、严于律己、理解他人的能力、经济保障能力,构成我们人生的优质组合。

个人成败既重于高天,又轻于羽毛。对自己百分之百,于世界却只是亿万分之一。当每个人都对自己十分在乎的时候,请相信,你在别人眼里并不重要。那么就自己相信自己吧,相信自己比相信别人更真实。坚信自己的信念,坚信自己的理想。心,跳动快乐的旋律,血,飘扬青春的光焰,你的世界就是一座永远的花园。

不要眼睛闭着,就说世界一片黑暗。即使乌云密布的夜晚,大地上也有灯光闪耀。纵然没有灯光,眼睛也是一种光明。

人生只有成长没有失败。所有人都是为成全你而存在,好人从正面、坏人从反面帮助你成功。

无论你能做什么,或梦想做什么,放手去做吧! 勇气蕴含着天赋、才能与魅力。

——歌德

困难是一面镜子,高悬在生命的险峰,它照出勇士攀登的雄姿,也现出懦夫退却的身影。

——萧伯纳

困难令人激动,它的后面藏着成功;挑战叫人兴奋,它的旁边站着机遇。

让恐惧成为朋友……恐惧感有利于健康。生理疼痛也是有利于健康的。

——福布斯巨子英特尔公司主席、

执行总裁安德鲁·格罗夫

站在钢丝绳上走的人,不是不害怕高度,他比地面上任何人更害怕恐惧。正因为害怕,谨慎,甚至敬畏,高度重视高度,所以才驾驭了高度。

不要去追问生命"你的意义是什么",而是要向生命回答你自己生存的意义。

山,一块站起来的土地。北方的山,要么不长树,要长就是青松;要么不开花,要开就是雪莲;要么不飞鸟,要飞就是雄鹰;要么不流水,要流就是黄河……从北方的冬天走过来的人,顶得住生活中所有的寒冷。

《圣经》:面对巨人葛立亚,犹太士兵都想,他这么巨大,我们怎么能赢得了呢?而大卫却想,他这么巨大,我怎么能打不倒他!最后葛立亚被大卫斩杀。

【案例品鉴】 春秋战国时,一名年轻将军的父亲拿一只装有一支箭的箭囊送子出征,并语重心长地对他说,这是家传宝箭,带着它会力量无穷,战无不胜。但有一点你要记住,万万不可抽出来看。果然,年轻将军因带了传家宝箭,而信心十足,出师大捷,并连连取胜。后来,受好奇心驱使,忍不住拿出箭囊抽箭一看,原是一只普通的箭。于是他的意志出现坍塌,再上战场时信心减弱,终被敌方斩于马下。

【案例品鉴】 美国苹果公司创始人、科技新贵乔布斯,因刚愎自用,独揽大权,被董事会革职打入冷宫。他曾经觉得自己是个"知名的失败者","痛苦地考虑过从硅谷消失",但最终结果却是彻底改变自己,在哪里摔倒就在哪里站起,选择了重新崛起于商界,被誉为"商业舞台上最伟大的第二幕"。"被放逐是一剂良药",这句话被他浓墨重彩地写进了人生履历。

活着就是为了精彩,精彩是生命的主题。偷生度日碌碌平庸,抱愧父母羞对苍天。最美的五线谱在自己手掌,最强的旋律是自己的心跳。高举太阳快乐的火焰,激荡海浪澎湃的信念。纵然地球陷落,纵然河流把眼泪哭干,也要斟满碗中的酒,写罢最后一行爱的诗篇……

【绕开误区的提示牌】

1、信念要建立在自己心中,命运握在自己手里,不可寄托于外物。

2、王国维有成功三境说:昨夜西风凋碧树,独上高楼,望尽天涯路;衣带渐宽终不悔,为伊消得人憔悴;众里寻他千百度,蓦然回首,那人却在灯火阑珊处。我这里概括了成功三要素:目标、自信、个人条件。这三个方面不仅要兼备,而且更重要的是必须相称,一致。不想当元帅的兵不是好兵,是就精神意义讲的。事实上,兵有千万,元帅只一个;而且并非每个士兵都是做元帅的材料。多彩的性格,多彩的人生追求,多彩的人生道路,构成多彩的世界,多彩的万花筒的人生。不是每个人使劲流汗水就可以做成影星、歌星的梦、球星的梦,将军的梦。多美好的愿望都不能代表实际,过分自信会陷入盲目;目标脱离自身努力的条件,会流于空谈。目标确定的上限,应为跳起来能摘到果子。

心中有理想,犹如天空出太阳。然而理想需要落地,需要具象化。理想是方向,方向是面;目标是理想的落地,是具体而明确的点。

目标在一个人的生活中的意义,如同一篇文章的主题,一支乐曲的主旋律。目标统帅人生,目标改变命运,目标决定人生的高度,目标将为你证明一切。

汉字"儒",其构成的意义指向,乃为人之所需。他人的需要,就是我——儒家的追求和活着的目的所在。

汉字"道",曲尽中国文化之妙,可谓"古者包牺氏之王天下也,仰则观象于天,俯则观法于地,观鸟兽之文,与地之宜,近取诸身,远取诸物,于是始作八卦,以通神明之德,以类万物之情"的精微之解。——"道"之上面两"点",放平为两条虚线，便是阴爻；下面一横乃为阳爻；之下为自己的"自"；"走"字旁意为按照阴阳之道生息运行。"自天佑之，吉无不利"（顺天而行，天就会成全你）。天人合一，顺乎自然。法于阴阳，和于术数。阴阳对立生成静态平衡，阴阳转化形成动态平衡。

方向明确，选择任何一条道路都能到达，只是早晚罢了。

一件事情本身或许并无好坏，好坏皆取决于做事情的态度与方式。

一件事情，若干年以后，觉得了无意思，甚至有点幼稚，但现在我却只能硬了头皮去做，而且必须做好，因为它是我通向未来的一道必经之门，低头走过，猫着腰穿过，直至匍匐爬过，那只是一种形式而已！

比尔·盖茨："从这个复杂的世界中找到解决办法，可以分为四个步骤：确定目标，找到最有效的方法，发现适用于这个方法的新技术，同时最聪明地利用现有的技术，不管它是复杂的药物，还是最简单的蚊帐。"

黑格尔："目标有价值，生活才有价值。"

康德："没有目标而生活，恰如没有罗盘而航行。"

荣格曾自豪宣称："我的一生始终为一种信念和一个目标所渗透和支撑,那就是:深入到人格的秘密之中。从这中心点出发,一切事物均能迎刃而解,而我的一切著述都与这一课题有关。"

目标引领前行的方向。不,目标就是你的方向。威廉·詹姆斯说:"人的难题不在于采取何种行动,而在于他想成为何种人。"没有方向,选择任何一条道路都可能是错误。

丘吉尔在一个著名的演讲中说:"你们问:我们的目标是什么?我可以用一个词来回答:胜利——不惜一切代价,去赢得胜利。"这里的胜利,在特定的语境中,大家谁都明白,就像明白自己肩上的责任。这个胜利既是方向,也是通向胜利的路径。

在冬天与春天的连接处 / 季节插起第一朵小花 / 一朵代表春天的小花 / 有足够力量击碎冰雪武装的寒冷 / 其辉煌的花光 / 温暖每一寸流浪的天空 / 希望每一件苦难的事物 / 所有河流和山脉 / 都匍匐在一朵花的脚下 / 幸福围拢和涌动……

一朵花,可以把春天里的所有事物,一件一件统领起来。提纲挈领,纲举目张。

锁定目标。要得到某种东西,就把它锁定为生命要到达的地方,那就是——目标。

忘掉年龄,忘掉时间,只需记住目标。爱因斯坦告诉我们:时间只是个幻象,并不存在,所有事物其实都是同时发生的,世界是一个平行的版本。

年龄?不,那是真实的假设,事实上根本就没有"年龄"这种东西。

不必在乎你的过去,即使它没有给你带来什么荣耀。你的过去会被上帝原谅和忘却。即使你的过去闪闪发光,那也已是昨夜星辰,无法照亮今晚的天空。民间有话说,"好汉不提当年勇"。目标最钟情和欣赏的时态,永远是现在进行时。

约瑟夫·卡伯:追随你的幸福吧,宇宙会在四面都是墙的密室中为你打开一扇门。

放大镜的意义:如果为看清楚纸上的字,那就将它轻轻移动;如果为创造火焰,就请把光线聚焦于一点,正如夜色中驾驶汽车切换远光与近光的道理。

规则和纪录都是被用来打破的。世界上没有不变的纪录,就像没有不变的规则。纪录既为人所创造,就注定会有人刷新它,超越它。而且目标本身,已然为人们确立新的打破它的目标,而做着绿色的暗示和铺垫。

有人说:给我一个有目标的存储记录员,我就能让他成为一个创造历史的人;而给我一个没有目标的人,那么我只能还你一个存储记录员。

可以把别的任何一件东西丢失,但绝不可以让人把你的目标偷走。没有了目标,就没有了方向感,就不知何处是北了。

成功的大小,往往取决于你为达到目标所战胜困难的大小。有一则电视广告说:只要你知道去哪里,整个世界都会为你让路。

有一天,你明确了你要去哪里,就会发现那个地方原来离你很近,那里的星星鲜花一样开放,那里的鲜花星星一样绚烂。倘若不知道自己去哪里,那么这一辈子连哪儿都去不了,即使蒲公英般飘降到某一个地方,那个地方也像阳光下的蜡烛,对你没有丝毫意义。

好雨知时,惠风和畅;泰山遍雨,河润千里;用志不分,乃凝于神。朝乾夕惕,晨昏不舍。仰山铸铜,煮海而为盐。逢山开路,遇水架桥。"昭昭若日月之明,离离若星辰之行"。

走得再远,也别忘记为什么而出发,从哪里出发,那是你人生的指南针,是你生命的航标灯。

或许你的行为会引发周边众说纷纭的评论,但不要受其左右,一门心思走好自己的路,美丽的红舞鞋一朝穿上就不要再停下来。

民间俗语说得响亮而豪迈:让拉拉蛄叫它的吧,我只管种好自己的地。

残疾人成功定律之一:我只珍惜所拥有的而不去想没有的。

灵云禅师:"三十年来寻剑客,几回落叶又抽枝。自从一见桃花后,直至如今更不疑。"

【案例品鉴】 管宁割席:少年管宁与一伙伴同坐一席而学,管宁心无旁骛,专心致志。而伙伴不仅自己不停地走神,还干扰管宁。管宁毅然拿起一把刀来,把座席从中间割断,以表井水河水。

【案例品鉴】 狄奥尼修斯,是古希腊前四世纪叙拉古国王。一天,他对朋友达摩克利斯说,你既然这样羡慕我的王位,我现在就将我的宫殿和权力交给你,满足一下你的好奇心。达摩克利斯坐上国王宝座,正在得意忘形之时,突然发现头顶上高悬着一把锋利的剑。那把剑用一根纤细的绳子系着，随时都有落下来的可能。而剑落下来的第一承接物,不是别的,正是他肩上的脑袋。他吓出了一身冷汗,仓皇逃离王位和宫殿,将权力重新交还给了狄奥尼修斯。狄奥尼修斯说,这把剑象征着每分钟都面临着威胁和危险,而人们看到的我的那些幸福和安乐,其实只是一种表象。

【案例品鉴】 一位老师在给学生讲故事,她说:有三只猎狗追捕一只土拨鼠,土拨鼠跑着跑着突然钻进了一个树洞;过一会儿,树洞的出口钻出一只动物,但不是土拨鼠,而是一只小猪。小猪见有猎狗,落地即拼命飞跑。跑不多远,小猪见路边有一棵大树,就往上面爬。仓皇中,树枝断裂,小猪砰然掉下,竟砸晕了正仰头而望的三只猎狗。小猪终于逃跑了。老师问,这个故事有什么问题吗? 同学们有答小猪不会爬树;有说小猪不会同时砸晕三只猎狗;还有的认为小猪跑不过猎狗。"可是,猎狗的目标是什么? 土拨鼠哪去了?"大家被老师问得面面相觑,一片茫然。

生活中,被诱惑干扰视线,迷失心中的目标,是经常遇到的考验。

【案例品鉴】 有一种鸟叫荆棘鸟,它一生只歌唱一次。为这一声生命绝唱,它从离开巢窝那一刻起,就在寻找荆棘树,直到找着为止。它选择最锐的刺扎进自己的身体,在奄奄一息之时,放开喉咙而歌,那歌声使云雀和夜莺都黯然失色。

钓鱼定理:只知有我不知有鱼,故鱼上钩者多。

人生法则:期望快乐就能找到快乐,寻找什么就能找到什么,前提是只要你愿意,并且执着不懈。

优秀是一种习惯,一种坚持。习惯的优秀会成为传统,成为定势,成为文化。

亚里士多德:"习惯能造就第二天性。"

苏格拉底:"好习惯是一个人在社交场中所能穿着的最佳服饰。"

【案例品鉴】 进日本餐馆用餐需要脱鞋。一次,进来一位老太太,她将所有零乱的鞋摆好,人们以为她是服务员,其实也是食客,她只是在做一件习惯性的事情。因为日本从幼儿园开始,进教室就必须要脱去皮鞋而换上白色的室内鞋。

据说人生有三分之一的时间用在了寻找东西之上,而相当一部分寻找是一种浪费,是由于自己随意性造成的。于是,效率就被定义为:把东西放在固定的地方。

当你向一座高山攀登时，必须永保一个姿势——向前弯倾45度角。

我们都赞美和向往品牌，何谓品牌？现代营销理论的诠释是：坚持的结果。

三流企业卖产品，二流企业卖技术，一流企业卖标准，杰出企业卖模式。何谓标准？品牌就是标准。比如可口可乐的红颜色，香奈尔香水的雅致，高盛银行的专业水准……长期认可的、你认为就是那样的东西，就像太阳每天必然从东方升起一样，这才是标准的意义。何谓品牌(brand)品牌化(branding)？就是产品盒上的商标名字，是挽在我们心中的一个情结，是我们感情、价值和梦想的载体。

永远不要说放弃，否则你的比赛就结束了。信念和目标的火焰一旦点燃，就永远不要熄灭，让生命和信念一起熊熊燃烧，就像《国际歌》所唱：把炉火烧得通红。

【案例品鉴】 有两个年轻人结伴外出科考，一个回到营地后发现另一个失踪未归，便去找寻。结果，第一个失踪者归来，因为他心中装着目标营地；而寻找失踪者的伙伴，却因目标的不确定，成了永远的失踪者。

【案例品鉴】 马克·吐温是著名美国作家，其小说《竞选州长》为我们熟悉。他一生热衷发明创造,投资达50多万美元,但皆未获成功,便发誓永不在新玩意上浪费金钱了。一天,一个年轻人造访,胳膊下夹着一个怪模怪样的新装置,说:"只要500美元,就可拥有一大笔股份。"但被马克·吐温谢绝。那个年轻人就是亚历山大·格雷厄姆·贝尔,那个新装置即是电话机。曾为这个新产品投资的人,都成了百万富翁,而马克·吐温因为放弃坚持,成了其中的缺席者。

马克·吐温的内心放逐了热衷的目标,使眼睛蒙上了一层灰色的雾。

分解目标。致广大而尽精微。日本一位长跑运动员的秘诀是:将终点目标,划分成眼睛所能看见的一个个小目标,诸如一栋楼房,一棵大树,一座桥梁,而后一段一段地超越。小目标有一种天然的亲切感,容易叫人接近和产生信心。

一个老太太登上了埃菲尔铁塔,经验是:拾级而上,什么也别去想。她只想着登完第一阶,接着再去登第二阶,此外的一切,都被大脑屏蔽。

贝利说,他踢的最好的球是下一个。一个一个下一个,构成他的辉煌历史,也成就了贝利的光荣与成功。

1961年,美国总统肯尼迪宣布理想:1970年前将宇航员送上月球,再安全带回地球。登月计划分为若干阶段,每阶段又分成若干目标,完成了每个阶段目标,就等于最终达到总目标的实现。

【绕开误区的提示牌】

目标的确立,相对而非绝对。目标也有选错的时候,目标选错并不可怕,重要的是及时发觉并做出果断调整。鲁迅曾为医生,后弃医从文,他认为医药只可疗人身伤,而文学则可启人心智。日本松下企业的一条经验,就是以自我否定为策略。没有最好只有更好,正在成为众多企业共享的理念。目标永远在未来、在前方,有时就像遥远的地平线,只有常变才能保持不变。一切都在改变,除了改变。

6 回应思维

人生密码——回应法则:最大的上帝是自己,最大的敌人也是自己。每个人现在的一切,都是每个人自己的选择,是自己思想和心理的物化与现实化。一切都归因和溯源于思想,一切都是心理作用的结果。什么样的心理形态,什么颜色的思想意识,就必然相对应地孵化出什么形状和色彩的极具个性的世界。

这一效应,我把它取名为"回应法则"。

天地间从来就有一种逻辑关系,回转着一根因果链条。种瓜得瓜种豆得豆,谁也无法改写和抵抗。

世界就是一座回音壁,一切都有回应反馈,好的会获得正向回赠,坏的会得到负面报应,即使说假话也是要付出代价的。

【案例品鉴】 一个小男孩生妈妈的气,跑到山腰大声喊:我恨你!我恨你!这时,山谷传来回应道:我恨你!我恨你!男孩子吃了一惊,跑回家告诉妈妈说,山谷里有个可恶的小男孩对我说他恨我。妈妈便把男孩带到山腰,并让他喊"我爱你",就传来刚才那个男孩的声音:我爱你!我爱你!

把自己想成一个富翁,就等于在你的头脑里安装了一套富翁的思维系统。现在,你就开始用富翁的眼光看待世界,用富翁的标准考量人生。而外界就会迅速和相应地做出调整,调动一切积极因素,为你这个新生的富翁服务。

阿拉丁神灯的故事:阿拉丁拿起神灯,拭去灰尘,结果冒出了一个巨人。那巨人总是说一句话:"您的愿望,就是我的命令。"

我就是阿拉丁!这样想的时候,整个世界整个宇宙就是听从你命令的那个巨人。

最后事实的模样,往往就是你心中所想的那个样子。你是生命的主宰,是向宇宙下订单的人,宇宙将会为了你思想的主题而谋篇布局。你无须了解宇宙是怎样重新调整自己,怎样向你回应、为你所吸引的,你只需明白,你生命中所发生的一切,都是你吸引来的。它们是被你心中所描画的"心像""愿景"吸引而来。它们就是你所想所要的。不论你心中想什么,都会把它们吸引而来。简言之,是你的思想变成了真真切切的实物和实际。时来天地皆同力,云水贯通有神助。

理解回应法则的最简单明了的方法,就是你可以把自己想成一块磁铁,用它来吸引你所要的东西。你的思想是无法估量的磁力,这磁力透过你的思想光芒四射地散发出来。

思想的磁性是有频率的,甚至可以像对音频一样实施测量。当你思考时,一定频率的思想就会发送到宇宙中,磁铁一样吸引所有相同频率的同类事物。所有发出的思想最后都会回到源头——你——你的心灵和思想。正如查尔斯·哈尼尔所言:精神力量的振动是最细微的,因此也是现存事物中最有力量的。

让思想变成实物的快速方法:对自己说,我现在就在接收它,并把自己置于现在就在接收生命中一切美好事物的情境中。然后就去感觉和体验它,仿佛你已经接收到了它,现在就已经拥有了它一样。心里观想的过程就是将愿景实体化的过程。

《马太福音》:"无论求什么,只要信,就必得着。"

总是想"我的运气真好,老是赢得东西"的人,总是接二连三地赢得东西。如此,你就必须真实感觉已经拥有,而不是"希望得到",否则那只是一张未来的支票。首先决定你想要什么;其次相信它可以得到;第三默默观想已经拥有的事物,真切感受"已经拥有的感觉"。

心有多宽,路就有多宽。而当道路与世界一样宽广的时候,道路就不存在了,世界就成了道路。

心想事成:心,想事成;心想事,成;心想,事成,心若想,事必成。

王阳明:吾心即宇宙,宇宙即吾心。其在《传习录》中讲故事说:一先生与友人游南镇,友指山中花树问曰:"天下无心外之物。如此花树,在深山中自开自落,于我心亦何关?"先生曰:你未看此花时,此花与汝心同归于寂。你来看此花时,此花颜色一时明白起来。便知此花不在你的心外。

从客体讲,花不依赖人的意识而独立开落;从主体说,花离不开感知者心的存在。

充分运用想象力,坚信你已经拥有丰足的财富,那么财富就开始流入你的人生,虽然是一个由虚化到实体的过程。一切都是一种心态,关键在于你怎么想。每个人都可以找到和改变自己内心与金钱关系的对话渠道,使之畅通顺达。

强化对思想、心理力量的认识。人是思想的产物。

——爱默生

思想决定一生。

——罗马皇帝、哲学家马卡斯·奥理欧斯

思想永远是宇宙的统治者。

——柏拉图

伟人之"伟",在于他领悟出了统领世界的力量,不是物质,而是思想。

——弥尔顿

心智所在之处,它本身便能化天堂为地狱,化地狱为天堂。

一个可怕的事实是,许多人都是让环境来控制自己的思想和态度,而不是让自己的思想与态度来控制环境。

有人问:思想有重量吗?哲学家回答:当然有。因为思考时,智慧、快乐、成功及真理都将向你倾斜。哲学家躺在跷跷板那样的天平,作静静思考状,这时,天平果然开始向他的脑部倾斜。科学家解释说:人在思考问题时,脑子需要供给更多的血,自然就会增加重量。西方有一种说法:灵魂的重量约 21 克。

如果把思想视为一种工具,那也是一种最强大的工具,它几乎具有无所不能的力量。

欲使自己重要,就必须在思想上认为自己重要。欲使行动到达,必先让思想到达;若想获得成功,必先在思想上实现成功。

普兰特斯·马福德:你的每个思想都是真实存在的东西——它是一种力量。任何病痛,都无法在一个拥有和谐思想的身体中存在。而所有压力也都是由一个负面思想开始的。

在你的大脑银行里有两个出纳员——一个叫积极,一个叫消极,它们都有从你银行里提取金钱的权利。

要永远积极地用富裕和富饶的思想来思考,而绝不允许与之矛盾的想法生根。

人与环境互相影响。"当一个态度消极的人离开以后，整个房间仿佛都亮了起来"。每个在场的人，都会伸一伸腰，觉得身上轻松了许多。

一个人如何看待自己和你周遭的人，就决定了自我的格局。如果一个人对自己看得比较长远，空间就宽广，就不会对得失看得太重。

佛经讲相随心转，境由心造。心底无私天地宽。疑心生暗鬼。心里亮亮堂堂，容貌就会闪闪发光；外景外境，都是按照你心里的图像造出来的。

【案例品鉴】 英国心理学家哈德飞做过一个著名的催眠术实验：对第一组说，你身体弱只握 29 磅的重物；对另一组说，给你们注入了泰森服用的营养液，会强壮无比，可握142 磅的重物。实际上两组握的重物都是 101 磅。结果，第一组的自信被瓦解，举物失败；而另一组却轻松地举了起来。

【案例品鉴】 一大夫拿药对一位病人说：这是从美国带回来的，对你的病最有效，但非常贵……几个疗程后，病人痊愈了。其实，那药只是维生素 C。因为"他的病不需要治疗,只是缺少良性的暗示和有效的想象"。

霍桑实验证明:你的语言就是你的魔咒。语言具有强烈的暗示和导引力量。散发怎样的信息,就会得到怎样的信息。

世界如镜,你笑他就笑,你恼他就恼。你不喜欢的人越多,不喜欢你的人也就越多。

你微笑镜子就跟着快乐,你流浪镜子也陪着哭泣。即使碎了,随手捡一块镜片,它也会努力照出你的面貌,向世界证明你真实而灿烂的存在。

《指环王》电影里的那个小小魔戒,由于它发出积极的信心暗示,便让人充满强劲的力量。

魔力语言的定理:早晨醒来自语:我成功,我高兴,我健康!一百天之后,心态就会快乐,做事极易成功。比如想成为房地产商或汽车制造商,那么,你每天在早晨起床后的第一句话,就大声喊:我要成为房地产商,或我要成为汽车制造商。一周以后,你不喊,这句话也会如期地投映在你大脑的屏幕上,叫你挥之不去。接下来,你就会对房地产或汽车制造产生前所未有的浓厚兴趣,并下意识地开始关注来自电视、报纸、甚至街谈巷议的信息资讯,拉开你走向理想成功的序幕。

成功与失败,其实是一种相对的说法。"年轻没有失败,只有成长",不仅是青春的新美定义,也是人生的积极定理。一个小孩,在他学习走路的历史记录里,如果把迈出脚步视为成功,摔倒看作失败,那么,成功与失败都属于成长的练习,成长的过程。它们共同构成了成长,告诉我们什么叫成长。失败是成功的背面或另一面,如果失败没有了,成功也就没有意义存在了。

今天我们解读成功的话题,实际上是在探讨多元的生活态度。积极健康的生活态度,决定事情的走向。比如你看上一件想要的东西,但碍于当时囊中羞涩,可以说买得起,只要给点时间。若说买不起,就画了一个圈,心理上输了一筹,扼杀了希望,就可能永远买不起。这就叫自己打败自己。而如果确立买得起的心态,就会催生梦想,给希望插上翅膀。

墨菲定律:如果有两种选择,其中一种将导致坏的方面,那么就必定有人会做出这种选择。或者说,你隐约觉得可能出现的陷阱,它一定会出现。其源自一位名叫墨菲的美国上尉。因为他认为某位同事是个倒霉的家伙,便不经意地说了句笑话:"如果一件事情有可能被弄糟,那么让他去做就一定会弄糟。"后来这句话被延伸拓展,出现了一些其他的表达方式:如果坏事可能发生,不管可能性多么小,它总会发生,并引起最大可能的损失;会出错的,终将会出错。根据这一定律,可推出四条理论:

1、任何事情都没有表面看起来那么简单;

2、所有的事都会比你预计的时间长;

3、会出错的事总会出错;

4、如果你担心某种情况发生,那么它就更有可能发生。

自信有助于提升勇气,而勇气是披荆斩棘的利剑。

只有恐惧本身,才是我们唯一应当恐惧的东西。

——罗斯福

【案例品鉴】 美国纽约历史上第一位黑人州长罗杰·罗尔斯答记者说:是小学校长一句话,把他推上州长的宝座的。校长有一天看见他说,我一看你修长的小拇指就知道,将来纽约州长非你莫属。罗杰·罗尔斯牢记和相信了校长的话,并从那天起,纽约州长梦想与目标,像一面旗帜高高飘扬在他生活的领地。他的衣服不再沾满泥土,举止言谈开始彬彬有礼,51岁时终以纽约州长的形象面向世界,证明了小学校长的预言。

有短信这样戏说：把"ENGLISH"读成"因给利息"的学生后来成了银行行长；读成"因果联系"的成了哲学家；读成"硬改历史"的成了政治家；读成"英国里去"的成了海外华侨；读成"应该累死"的成了 IT 职员；读成"阴沟里洗"的成了菜市场上的小贩。

法拉格特将军听了指挥官杜邦关于未能攻陷切斯特城的种种原因后说：此外还有一个原因你没有提到，那就是你一开始就不相信你能做成那件事。

父亲对她说，写作这条路太难走了，你还是安心教书吧；桂冠诗人罗伯特·骚塞回她信说，这个职业对你并不合适。但她对自己的文学才华深信不疑，终于写出了《简·爱》，还带动妹妹艾米莉写成了《呼啸山庄》、安妮创作了《阿格尼斯·格雷》，她就是夏洛蒂。

7　特色思维

特色思维有三层意思：一是要明确自己的特点是什么，因为每个人都有自己的特点；二是要强化特色意识，把每件事情尽可能做出特色来，使之与众不同。做对一件事情是容易的,做出特色,做出新意来却是充满难度的,而且远比做得正确更有创造性和价值。三是善于抓取事物的特点。发现、捕捉某一事物的特点和特性,是认识了解掌握该事物的一条捷径。而善于这样思维,是一种生活和工作的重要能力。

一个人被别人记住,往往是由于他的特点或特色。

一个人的特色,是自己别异于他人的标志。

尺有所短,寸有所长。每个人都有一个共同的名字——人才。人才最为宝贵,而且是唯一能动的不可再生的资源。

查遍《鲁迅全集》也找不着所谓鲁迅的"名言":"越是民族的,越是世界的。"但鲁迅在《致陈烟桥》(《鲁迅全集》第13卷第81页)中如是说:"……现在的文学也一样,有地方色彩,倒容易成为世界的,即为别国所注意。"一个人和一个地方一样,容易引起别人注意的,总是你自己的"色彩"。

每个人都有独特的闪光点、亮点,就像每一朵花都有自己独特的美丽和芬芳,只是常常连自己都没有发现。

野生植物与园林植物,各有千秋,各有妙姿。

一招鲜,吃遍天。对自己的特色、长处或强项,一经发现,不仅要全力发掘、打磨、打造、雕塑、刻画,还要予以设计、包装、炒作,演到极致,使之照耀、鲜亮、惊艳人们的眼睛。

【案例品鉴】 东坡曾问一个善歌者："我词何如柳七？"对曰："柳郎中词，只合十七八女郎，执红牙板，歌'杨柳岸晓风残月'。学士词，需关西大汉，铜琵琶，铁绰板，唱'大江东去'。"东坡为之绝倒。

【案例品鉴】 教授正睡得香甜，突然电话铃响了，他睡眼惺忪地拿起话筒，电话里爆响女邻居尖利的叫嚷："麻烦你管一下你的狗，不要再叫它叫了！"教授拧亮睡灯一看——夜半两点钟。第二天，他把闹钟定到午夜两点，到时间拨通那位女邻居的电话。半晌工夫，对方才接起电话，十分不满地问："哪位？"教授彬彬有礼地回答："夫人，昨天我忘记告诉你了，我们家没有狗。"

如此文明儒雅的报复，只会发生在教授学者那里。

特色建筑："建筑"，乃洋为中用之词，其颇有诗意和弹性。小到一窝鸟巢，大到一幢楼厦，都是建筑的现实与证明。任何三维物体，都可用建筑作比，诸如社会、企业、家庭、个人，甚至一抹云霞，一枚绿叶。世界就是一座宏大无比的建筑，太阳月亮风雨雷电，在本身呈现建筑物的同时，又都是宇宙建筑材料。

思维之思维

建筑核质乃结构,结构原则为有机。一个有机体,即是一个鲜活生命。有机,来自两个方面的焊接,一是内核绝对的唯一性。生命之魂不可有二,由此无障碍地辐射出凝聚力向心力;二是作为建筑材料,所有组织或单体,必须忠诚聚向于核心,如葵花朝阳,星系北斗,一荣俱荣,一损俱损。此理同于刘熙载《艺概》论画之道:"画山者必有主峰,为诸峰所拱向;作字者必有主笔,为余笔所拱向。主笔有差,则余笔皆败,故善书者必争此一笔。"忠诚之注释是责任与使命,是自觉担当与护卫。如此,结构紧密,协调统一,生机蓬勃。否则中心游移,力量分散,相互抵牾牵制,直至松垮飘摇,分崩离析。

住宅在古代中国被视为"阴阳之枢纽"。起房盖屋,古人谓之"土木之功"。土为阴,木为阳,一阴一阳谓之道。《老子》曰:"道生一,一生二,二生三,三生万物。万物负阴而抱阳,冲气以为和。"《吕氏春秋》云:"太一出两仪,两仪出阴阳。阴阳变化,一上一下,合而成章,混混沌沌,离则复合,和则复离,是谓天常……万物所出,造于太一,化于阴阳。"王充以人为本论阴阳:夫治人以人为主,百姓安而阴阳和,阴阳和则万物育,万物育则奇瑞出。

94

食色为人之本质属性,居行乃人之理想觉醒。"昔者先王未有宫室,冬则居营窟,夏则居橧巢"(《礼记》)。"我思故我在",从择洞穴居到造房筑屋的跨越,是人类创造力最早最为奔放的艺术展现,是人类以建筑形式向世界放飞梦想的发端,是海德格尔歌唱的"对存在的第一声回声"。

国际建筑师协会在《蒙特利尔宣言》中声称,"建筑是人文的表现,它反映了一个社会的现象"。如果这种"反映"属于理性范畴,那么正如黑格尔所言:"理性是世界的灵魂,理性居住在世界中,理性构成世界的内在的、固有的、深邃的本性,或者说,理性是世界的共性。"人们把情感、观念、精神、意志,通过建筑材料,凝铸在一座空间结构之中,使之成为一种朴素而辉煌的象征艺术。

热衷西方哲学之旅的伯兰特·罗素,弯腰拾起一个古老的秘密:"在希腊,社会团结是靠着对城邦的忠诚而得到保证的。"

中国建筑是中华文明鸿篇巨制里一章气势恢宏的交响诗,是中国人伦理、审美、价值、自然等观念深刻而集中的表达。中国择木,温和柔顺;西方取石,冷凝硬峻。中国人吃饭善使木制筷子,木瓷重奏,国风尔雅;西方人用餐喜好刀叉,金属交响,铿锵激烈。中国建筑不仅与西方建筑、伊斯兰建筑并称世界三大建筑体系,且以木式结构为主的唯一性,在繁华满目的世界建筑画廊,"如翚斯飞","作庙翼翼";新月穿云,红杏艳春。

意大利比萨斜塔因奠基不固而斜,而早于其二百年(989年)的宋开宝寺木塔,"塔初成,望之不正,而势倾西北",人们奇怪问之,建筑师预浩解释:"京师平地无山,而多西北风,吹之上百年,当正也。"预浩因"年十余岁"的独生女儿"每卧则交手于胸为结构状"开悟,遂撰成一部建筑专著《木经》流传于世。

个性思维,就是带着个性上路,从个性的视角出发,赋予要做的事情以鲜明个性的色彩。

一个人的个性往往是其最鲜明的特质。个性是最美的。个性是一个人风格的生命。个性是一个人基因和特质的显露和外化,是一个人原生态的与生俱来的名片。

世上没有两片相同的叶子,每片叶子的个性,都是用自己的脉络编织而成。世界上没有相同的指纹,每个人的指纹,都是个性化的生命图案,都是一幅生命信息图画。

美国一所大学校长对记者说:我这里没有差的孩子,只有个性特点不同的学生。

比尔·盖茨："与其做一棵草坪里的小草,还不如成为一株耸立于秃丘上的橡树。因为小草千篇一律,毫无个性,而橡树则高大挺拔,昂首苍穹。"

罗丹语:"艺术中,有性格的作品才算是美的。"

诗言志。言为心声,言表个性。

每个人都一样,一样想着和别人不一样,世界便呈现多彩的可能。

毛泽东诗句:"独坐池塘如虎踞,绿杨树下养精神。春来我不先开口,哪个虫儿敢作声。"

陈胜语:"苟富贵勿相忘";"燕雀安知鸿鹄之志哉。"

项羽诗句:"力拔山兮气盖世,时不利兮骓不逝。骓不逝兮可奈何?虞兮虞兮奈若何。"

刘邦诗句:"大风起兮云飞扬,威加海内兮归故乡,安得猛士兮守四方。"

寇准诗句:"抬头红日近,挥手白云低。"(形容宰相的权重位高)

黄巢诗句:"待到秋来九月八,我花开后百花杀。冲天香阵透长安,满城尽带黄金甲。"

宋江诗句:"他年若遂凌云志,敢笑黄巢不丈夫。"

朱元璋诗句:"三声叫出扶桑日,扫尽残星遮住月。"

沈从文语:"我一生从不相信权力,只相信智慧。"(黄永玉为其墓碑刻字:一个士兵,要不战死沙场,便是回到故乡。)

巴顿:"真正的战士,就是在最后一场战役中,射出最后一颗子弹。"

黄遵宪10岁时,老师以杜甫"一览众山小"句为题,命他作诗。黄遵宪奇笔生彩:"天下犹为小,何论眼底山。"

王森然12岁写一对联:"振衣帕米尔,濯足太平洋。"

谢无量6岁有《风筝》诗:"凭借春风力,直飞上青云。"

看一眼荷锄葬花的背影,就知一定是林黛玉而绝非薛宝钗或王熙凤。

当秦始皇威风八面地走过,听"彼可取而代也"之声,便知是项羽在直抒胸臆;而"大丈夫当如是"之语,则信刘邦婉转含蓄所叹。

据说,带忧郁气质的画家,往往画出的是莹蓝的色调。

左拉的艺术品,被评说是"通过某种气质所看见的自然一角"。

【案例品鉴】 初唐四杰之冠的王勃,一首《送杜少府之任蜀州》,咏千年"海内存知己,天涯若比邻"之叹;一篇《滕王阁序》,吟万古"落霞与孤鹜齐飞,秋水共长天一色"之诵。一颗诗歌巨星,划破长空,光华万道,永不坠落。

王勃 16 岁应试唐高宗乾封元年(666 年)制科,对策高第,被授予朝散郎之职。民间传说:王勃步入考场,放眼满场皓首穷经之仕,唯其一个青葱书童,心中不禁萌发几分得意。主考官点名王勃,竟听得一声童音回应,循声一望,乃一个长衫拖地,一脸稚气的孩子,心中便生几分犹疑。王勃已有所料,上前叩拜道:宗师爷在上,学生龙门王勃前来参拜聆教。

主考官见王勃年少聪睿,便想为难他,正襟危坐道:"蓝衫拖地,怪貌谁能认!"

王郎才思敏捷,脱口应对:"紫冠冲天,奇才人不识。"

主考戏谑:"昨日偷桃钻狗洞,不知是谁?"

王郎妙答:"今朝攀桂步蟾宫,必定有我。"

主考官拊掌道:"神童,神童,果然是龙门神童。"

遂予准考。

狼喜欢引声长歌,但即使在合唱中,每一匹狼都能坚持自己独特的声音,并尊重其他狼与自己的差异。《狼道》中这样说,"林中出现两条岔路,我循着看似人迹罕至的小径前进——而这个选择造成了以后所有的不同际遇"。

一朋友见李叔同用饭,只一碟萝卜,一杯白开水,一碗大米饭,便问,你不觉腌萝卜咸,白开水淡?弘一大师笑说:咸有咸滋味,淡有淡味道。丰子恺听说感慨:人生本如此,咸淡两由之。

魏晋时期的郝隆,经纶满腹,风流倜傥,清淡玄虚,超拔逸然,尽显东晋名士风范,以"学圣"之名、参军之职与书圣右军王羲之并称。刘义庆《世说新语》录记:一日,桓温聚众饮酒赋诗,被桓温任为南蛮府参军的郝隆信笔一句"姬隅跃清池",令桓公惑然不解:姬隅为何物?郝隆道:蛮名鱼也。又一日,桓温取一味"远志"草药问,此药又名小草,何一物而有二称?郝隆羽扇一摇:处则为远志,出则为小草。

另载:七月七日,富家纷纷以晒衣媚俗,郝隆却坦腹仰卧于日下,人问其故,答曰:晒书。宋人有《神童诗·七夕》赞曰:"庭下陈瓜果,云端望彩车。争如郝隆子,只晒腹中书。""唯有牡丹真国色,花开时节动京城"。牡丹开到唐代,就凌寒开出一枝与武则天焦骨抗争的民间故事:武则天一日心血来潮,以诗下诏,责令百花在隆冬季节为她开放:"明朝游上苑,火急报春知。花须连夜发,莫等晓风吹。"其时,百花仙子外出未归,无主的百花不敢违命,一夜间开得云蒸霞蔚,如春如夏。唯有牡丹,严守花信,不度春风。武则天一气之下遂将长安城中四千株牡丹尽贬洛阳。回归洛阳的牡丹,随即竞相怒放,如锦如绣。武则天闻知,恼羞成怒,速令以火焚烧牡丹。烈火生来本无义,牡丹花前却有情。火焰明灭,只烧焦了牡丹枝干,未损伤其魂根。来年春暖,焦骨牡丹开得火红火爆,艳烈如血。

唐朝著名学者陆羽,从小是个孤儿,被智积禅师抚养长大。陆羽不愿终日诵经念佛,喜欢吟读诗书,执意下山求学,禅师未予应允,却叫他去学习冲茶。在钻研茶艺的日子里,陆羽遇到一位好心的老婆婆,不仅向婆婆学会了复杂的冲茶的技巧,更学会了许多读书和做人的道理,写出了经典传世的《茶经》。

个性是你自己与生俱来的宝贵资源。要发现自己的个性,了解自己的个性,熟悉自己的个性,呵护好自己的个性,开发利用好自己的个性。

拿破仑问,如何把上帝嵌入到图像之中,拉普拉斯回答:不,陛下,我不需要这样的假设。

8　短板思维

陶醉每个人都有长项之时,不可忘记每个人都有短处。

要敏于发现和勇于正视自己的短板甚至缺陷。

短板效应:又称水桶定律或短板理论,其核心内容为:一只水桶盛水的多少,不取决于桶壁上最高的那块木块,而是最短的那一块。据此,"水桶理论"延伸两个推论:其一,只有桶壁上的所有木板都足够高,水桶才能盛满水。其二,只要这个水桶里有一块不够高度, 水桶里的水就不可能是满的。

水桶原理由美国管理学家彼得最早提出。许多块木板组成的"水桶"不仅可象征一个企业、一个部门、一个班组,也可象征某一个员工,而"水桶"的最大容量则象征着整体的实力和竞争力。

1.一个木桶的储水量,还取决于木桶的直径大小。

2.在每块木板都相同的情况下,木桶的储水量还取决于木桶的形状。结构决定力量,结构也决定着木桶储水量。

3.木桶的最终储水量,还取决于木桶的使用状态和相互配合。

对待短板或缺陷的态度，一是弥补；二是回避，扬长避短；三是开发、转化和利用，化腐朽为神奇。

在哪里摔倒就在哪里站起。

短板或缺陷客观存在，不可简单否定。

短板或缺陷有时蕴藏着美的基因，或者说短缺也是一种美，一种价值。甚至有时正是特色之处，可以化短为长。

在受伤的地方往往会长出坚实的力量。一株树，在受过伤的地方，会生长出分外坚硬的皮层。一只小鸟，在受伤的部位，会长出新美的羽毛甚至坚强的翅膀。天上没有一颗星星叫永远，地上没有一朵鲜花叫完美。不完美，常常使过程更有价值。

当我们讨论短板的时候，坐在轮椅上的科学家霍金却微笑着说：一个人如果身体有了残疾，绝不能让心灵也有残疾。

历史真是一门妙处难与君说的神秘艺术。是的，这或许不够，茨威格甚至把历史赞颂为"一切时代最伟大的诗人和演员"，"历史是真正的诗人和戏剧家，任何一个作家别想超过它"。建立北魏王朝的拓跋鲜卑民族，文化是他们的一块短板,但他们勇于正视自身的缺陷,自觉用汉族文化武装自己。北魏前身代国曾被前秦苻坚所灭,而前秦派生的慕容垂后燕和姚苌后秦,在不久的若干年后,戏剧性地被涅槃复活的北魏相继击破。那一场与后燕的血战,创造了历史上继淝水之战后又一个以弱胜强的著名范例。

缺陷还是一种魅力。缺陷有时造就成功。人的奋斗史往往就是因为弥补缺陷而谱写成的。缺少什么,就会欲望什么,寻找什么,比如金钱,权力,盛名,爱情。缺哪样,就会为哪样奋斗。

歌唱演员伊能静听到别人拿她与苏芮比,并议论她的不足,情绪低落,苏芮便劝她:你的歌《落入凡间的精灵》或《我的猫》如果用我这么有力量的声音来唱,又多么不合适,因为你的特色是无法取代的,也是因为你的特色,你的歌迷才那么喜欢你。好好发挥自己的特色才是最重要的,你要做唯一而不是争第一。苏芮的一番话,让她重新找回了自信,终于在歌坛唱出了自己独特的声音。

【案例品鉴】 国家射击队挑选队员,主教练在靶纸中发现许海峰所射的子弹大多偏离了靶心,射击技术动作显然存在大问题,但有一个特点:几乎所有子弹都偏向同一个方向——右上方,说明他的稳定性非常好,而这正是一个射击选手关键和宝贵的要素。于是,许海峰不仅意外入选,而且最终为中国奥运代表团实现了奥运金牌零的突破。

缺陷甚至错误,如果转化得好,会收到意想不到的效果。

【案例品鉴】 一位裁缝在吸烟时,不慎将一条高档裙子烧了一个窟窿。他转动思维机器,在窟窿地方缀了几朵金花,并取名为"金花凤尾裙"。不仅未遭损失,还赚了一笔。

韩国的文化师承中国,其文化根基浅、缺乏自主原创性是其短板,尤其饮食和医学深深打着中国文化的烙印。比如中医,在中国生根,日本开花,韩国结果,美国收获。然而韩国人围绕短板做文章,仅一部《大长今》电视剧,就强化实用性、差异性、能动性、教育性、延伸性、增值性,将百姓喜闻乐见的饮食、医疗题材揉入剧中,从众多宫廷剧中脱颖而出,大获成功,并如火如荼地带动了韩餐、韩衣、韩药、韩游等行业。

悲剧往往比喜剧更具有震撼力,更让人惊心动魄:"把有价值的东西撕破了给人看",这就是悲剧的力量。维纳斯美就美在断臂残缺,正是这种残缺艺术创造的魅力和张力,让我们印象极为强烈,无法释怀。

【案例品鉴】 陆游与唐婉,如果婚姻了,就可能俗套了,激发不出那一团"沈园诗情",也不会有那段被人记住的爱情。(沈园相遇,陆游写下了《钗头凤》题在沈园园壁上:"红酥手,黄縢酒,满城春色宫墙柳。东风恶,欢情薄。一怀愁绪几年离索。错!错!错! 春如旧,人空瘦,泪痕红湿鲛绡透。桃花落,闲池阁。山盟虽在,锦书难托。莫!莫!莫!"唐婉看了,和词一首:"世情薄,人情恶,雨送黄昏花易落。晓风干,泪痕残。欲笺心事,独语斜阑。难!难!难! 人成各,今非昨,病魂常恨秋千索。角声寒,夜阑珊。怕人寻问,咽泪装欢,瞒!瞒!瞒!")

【案例品鉴】 张继,一介 1200 年前的落榜书生。一窗窗寒冬酷暑的状元梦,碎成了无边的惆怅,他向京城留一瞥最后的眷恋,便去意苍茫地来到了黄昏漫卷的江畔。就在他纵身拥抱江水的一刻,一个白发老船工揪住了他墨迹星斑的长衫……

船工渡张继到苏州已是夜半时分,突然,寂静的江面荡起了钟声的波澜。自古晨钟暮鼓,这寒山寺的钟声为何如此奇特,莫非也有怀才不遇之苦,而借星江夜阑宣泄心中的不平？夜半钟声敲散了张继脆薄的睡意，他披衣站到船头，环顾四周，独语吟哦：月落乌啼霜满天，江枫渔火对愁眠。姑苏城外寒山寺，夜半钟声到客船。台湾作家张晓风说："感谢上苍，如果没有落第的张继，便少了一首好诗，我们的某种心情，就没有人来为我们一语道破。"那一届榜单上的秀才们曾有谁留下了姓名？唯有那一夜"不朽的失眠"《枫桥夜泊》在人间千古的传唱中。

短板或缺陷思维也可名之为"注意力思维"。经济学界有注意力经济，注意力效应理论，提高和强化"注意力"，成为争夺眼球的竞争。

失误、意外，常常成就创新，成为创新的资源和契机。

【案例品鉴】 美国《独立宣言》的历史地位，仅次于联邦宪法。该文件成稿后，被发现遗漏了两个字，但没有人去重抄一遍，只在行间补加了上去，并加了"^"脱字符号。上面签名的56名美国精英，迅速投入了为文件内容而奋斗的行动中。世上完美文件太多太多，但像《独立宣言》这样的国宝能有几件？那点"缺憾"，极富生活化，为历史细节添增了浓浓的韵味。

【案例品鉴】 两个圆形物质，一个缺失了一小片，为找回完整的自己,去寻找失落的碎片。由于缺陷,由于滚动的慢,它领略了沿途鲜花,并与小动物们交谈,充分品味到阳光的芬芳。另一个完美无缺,却受速度的驱使,只顾飞快的滚动,没有看到鲜花,蝴蝶,甚至没有感受到阳光的温暖,其生命的意义只剩下两个字:滚动。

【案例品鉴】 有一个模特队,其中一位模特受妒忌之心驱使,竟将另一位的鞋跟损坏,使之无法上场。经理顺势就势,将错就错,下令所有队员都光脚走台。结果,别具创意,引起轰动。

丰子恺有一幅漫画传为美谈。画面是一茶壶,一弯月,一句话:"人散后,一轮新月天如水。"新月的开口应向左,残月的开口应朝右,先生显然画反了方向。然而,当你去到南半球,比如澳大利亚望月,月亮的开口与在中国看,恰巧相反。由此可见,即使真理也有相对性和条件性。

【案例品鉴】 武则天 14 岁入后宫,初为才人,深受唐太宗喜爱,遂赐号媚娘,人称武媚娘。唐太宗病重期间,武则天移情于唐太宗之子李治。唐太宗对武则天心生疑窦,遂遣其于感应寺削发为尼。武媚娘一脚踩空,坠入人生低谷。唐太宗驾崩,李治即位唐高宗。一次,李治在感应寺见到武则天,武则天即兴赋诗《如意娘》,以表爱意与忠贞:"看朱成碧思纷纷,憔悴支离为忆君。不信比来长下泪,开箱验取石榴裙。"《乐苑》上说:"《如意娘》,商调曲,唐则天皇后所作也。"唐高宗大为感动,回头即令武则天回宫,复召为昭仪。从昭仪到皇后,尊号为天后,与唐高宗李治并称二圣,再到自立为皇帝,武则天终得正果,改朝换代,君临天下。

9 直觉思维

特色常常来源于独特的感觉,呵护自己的独特感觉,尤为重要。直觉就是最灵敏的一种独特感觉。

感觉,系心理学名词,指认识过程的开端,是一切心理现象的源头和"胚芽",是人获得世界一切知识的源泉。感觉,教会我们分辨外界各种事物的属性,诸如声音、软硬、粗细、重量、温度、味道、气味。我们复杂的认识过程,都是在感觉的画布上铺展开来,

红、橙、黄等颜色让我们感觉温暖,因而被称为暖色;又使人产生接近感,被称为进色。蓝、青易引起冷觉,遂被称为冷色;且使人产生深远感,遂有褪色之称。色调的浓淡还能引起轻重感,如黑白两个大小、质地相同的球,白色的使人

感觉轻,黑色的使人感觉重。不同的色调常引起我们不同的心理效应:红色使人兴奋,蓝色使人镇静,黑色使人感到凝重……

将两只手分别放在热水和冰水里,然后抽出来同时放在温水里,温水的温度相同,但冷的那只手感到发热,热的一只手感觉发冷。

感觉是超语言的语言,往往感觉得很真切,却是有口道不出。

约翰·威科特:"感觉是变革的前奏。"

地产:让每个业主都有回家的感觉;企业:让员工拥有主人的感觉;客栈:让游客获得宾至如归的感觉。

日益加速的生活节奏,不断带走我们的感觉,让人们常常产生一种脆弱和无奈感。

"如果索尼公司的工作效率太高,世界也许就失去了'随身听'。"

直觉(第三感觉),是人对事物的一种直接感知,是客观事物直接作用于人的感官之后引发的人的第一反应,是一种精神力量形式,可获得有关世界与未来的神秘或特殊知识,因而又被称为"超感觉"。

直觉思维,亦称自然思维,是一种未经有意识的逻辑思维而直接获得某种知识的能力,以及通过某种下意识(或潜意识)直接把握对象的思维活动;是在认识事物,分析解决问题时,头脑中的某些知识、经验、能力等在无意识状态下经过加工而突然沟通时所产生的认识上的飞跃,表现为对某一种问题的突然领悟,某一创造性观念和思想的突然降临,以及对某一难题在百思不得其解时的突然解决。

直觉是灵感,具有强烈的主观性色彩,像火花一闪,瞬间照亮世界。

没有直觉就没有科学的进步。爱因斯坦认为,科学发现的道路首先是直觉的而不是逻辑的。

乔布斯:你的时间有限,所以不要为别人而活。不要被教条所限,不要活在别人的观念里。不要让别人的意见左右自己内心的声音。最重要的是,勇敢地去追随自己的心灵和直觉,只有自己的心灵和直觉才知道你自己的真实想法,其他一切都是次要。

直觉思维与逻辑思维迥然不同,它不是以仔细的、按照定好的步骤前进为其特征的……直觉思维总是以熟悉的有关的知识领域及其结构为根据,使思维者可能进行跃进、越

级和采取快捷方式，并多少需要以后用比较分析的方法重新检验所做的结论。——美国现代心理学家布鲁纳《教育过程》

直觉是连接事物最短的距离,最经济的时间。

"真正可贵的是直觉。""我相信直觉和灵感。""那些基于经验的直觉,能够引导人们获得规律。"

——爱因斯坦

德国世界现代舞蹈家皮娜·鲍什:"舞蹈不需要思考。"

艺术凭感觉与感受。跟着感觉走,紧牵梦的手。

一见钟情,是不带任何功利色彩的 24K 金的瞬间判断。女士买衣服的定理之一：第一眼看上的衣服，往往是最好的。

"来自内心的指引"的直觉,是经验积淀而成的"符合规律的自由",是一瞬间迸溅的灵感火花,它不相信并拒绝为什么。

卢瑟福因发现阿尔法射线获诺贝尔奖,他曾兴奋地告诉弟弟想法时说:"理由吗？还没有,这只是我的直觉。"

只要涉及企业管理,我就相信偏执万岁。

——英特尔公司总裁葛罗夫

【案例品鉴】 一女子求助于智者说，有三个小伙子向她求爱，她困惑于选择。智者说，你分别带他们来，我见过后回答你。第二天，姑娘带了一位小伙子来，智者见后说，就选择他吧。姑娘说，可是那两位你还没有见呢。智者说，你带他第一个来，就是一种选择和说明。

【案例品鉴】 帕瓦罗蒂在师范毕业时，因选择职业而陷入困惑，做教师还是歌唱家？其父说："如果你同时坐在两把椅子上，可能会从椅子中间掉下来，生活要求你只能选一把椅子坐上去。"最后他靠直觉决断，选择了音乐。

【案例品鉴】 在圣皮埃尔岛火山爆发前一天，正在装货的意大利商船船长雷伯夫，凭直觉敏察到火山的异样，决定停下活儿驶离，但发货人不同意，并威胁要控告他。雷伯夫却用坚定离去的背影回答：是的，我对于火山一无所知，但直觉告诉我，离开这里是唯一正确的选择。

承认直觉，相信直觉，尊重直觉，超越直觉，利用直觉。王维在洛阳看画，看到《按乐图》时，众人皆称奇。王维说，这画是《霓裳羽衣舞》第三叠第一拍。有人疑惑，遂请来乐师演奏。当曲子进行到"第一拍"时，演奏者手在乐器的部位及手指动姿，果与画中一模一样。

创 新 思 维

第八种颜色:任何一件风物,都是大自然的孩子。无论闲草野花,鸟雀蜂蝶。大自然给每个孩子都画了一种颜色,以照亮大家的存在。大自然缤纷的色彩里,有一种颜色叫圣洁,它是第八种颜色,在赤橙黄绿青蓝紫之外。它属于高原,属于拉萨,属于西藏。喜欢玉的西藏人,都敬佩圣洁的白玉,一如敬仰圣洁的雪山。雪山,雪莲,哈达,布达拉宫宫墙,大昭寺前的香火,都用无瑕之白,表达心中的纯净与圣洁。蓝莹莹的天空,白云写满了圣洁;绿莹莹的牧场,格桑花开遍了圣洁;即是黑色牦牛,眼睛也眨动着圣洁的祝福。走过西藏,走过西藏的人,无论什么肤色,都会沐浴圣洁的洗礼,染一抹西藏圣洁的颜色……

第二章　创新思维

博尔顿和瓦特联手制造第一台蒸汽机时，英国国王走过来问道，你们在忙什么呢？

博尔顿回答：陛下，我们正在忙于制造一种君主们梦寐以求的商品。

是什么商品？

是力量，陛下。

……

创新不仅仅是一种力量，也是人类一种燃烧的激情，是人类社会进步发展的永动机。

"周虽旧邦，其命维新（周朝虽然从商朝沿袭而来，但其使命和未来在于创新）"。　　　　——《诗经·大雅·文王》

资源有限,创意无限。

10　创新思维

在没有汽车的日子,人们永远只想拥有一匹更快的马。如果所有人都一根筋地围绕马做文章,人类的速度将永远只能停留在马蹄交互摆动的奔跑上。而当人们争相希望拥有一匹更快的马的时候,福特却在想,怎样把世界安装在轮子上,于是,汽车诞生了。

《圣经》如是讲:上帝说要有光,于是世界便有了光。把音乐装在一个小盒子里,这不是做梦吗?乔布斯说如果是梦,那么我们就让梦变成现实。他从别人手里拿过一只手机说,这也叫手机?来,让我们做一款真正的手机。于是,全世界的手机行业得以重塑,指尖在手机界面轻舞弹奏,世界被华丽改变,时代被重新定义。

创新,从经济角度讲,是指不同要素的重新组合。

创新是创新者的信念,跟随是跟随者的绿卡。

一味勤奋和勤劳是无益的,勤奋和勤劳用过了头会产生负效果。

重要的不是把工作做得更好,而是与众不同。

——管理学家迈克·波特

乔布斯：领袖和跟风者的区别就在于创新。

索尼公司董事长井深大：独创，决不模仿他人。

卡夫卡："人们为了获得生活，就得抛弃生活。"同样，要获得新观念，就要摒弃旧观念。只有倒掉杯子里的旧水，才能腾出足够的容积装入新水。

海尔"砸冰箱"堪称壮士断腕之举。张瑞敏说："砸冰箱这类事，直到今天还是有重要意义的。砸冰箱主要就是为了改变观念……""我每天都要思考的有三件事。第一，我这个公司和别人有什么不同……"

对一件事物的最好描述可能只有其本身，而不会是事物之外的任何第二或第三者。但是正如罗宾逊夫人所说：比例尺是一比一的地图是没用的。

> 池塘春草纱窗绿，
>
> 园柳鸣禽蛙韵新。
>
> 春江载月花光灿，
>
> 夏野飘云草色鲜。

生活充满创新的机会，而机会又常常存在于问题之中。

创新可分为独创原造版、承继延伸版（直线性）、集优综合版(扇面性)。

锤子使惯了,看什么都仿佛是钉子一样敲打的对象。问题是敲来敲去重复一个动作,复制一种声音。因此要有意做一些改变和超越自己的创新练习:看平时不看的报纸和不同类型的电视节目;去不同地方度假;换一条上下班路线;吃饭变换餐馆;强化提问意识,努力寻找问题;变换角度看待日常事务。

大树下的树苗永远长不高,要想超越巨人,就必须站到巨人肩膀上。

人们出生在这世上,都在寻找所要的环境,如果找不到,那就应当自己去创造。

——萧伯纳

庸者等待机会,强者寻找机会,智者创造机会。

好哭的孩子有奶吃,这样的孩子不安分,不满足于现状,通过哭表达心中的诉求和欲望,自然有机会获得牛奶,甚至还有面包巧克力。

王维"空林独与白云期""悠然远山暮,独向白云归",其作画有雪中芭蕉,人以绳墨论"不知寒暑",恰在独有新意。

【案例品鉴】 石油大王洛克菲勒读小学时,其父许愿

118

激励说,只要你考试拿到第一名,就奖励 5 美元。考完试,洛克菲勒对父亲说,我考了第一名,请兑现 5 美元奖的承诺。其父拿过考试卷一看,哭笑不得,竟是倒数第一名。但他却发现了儿子的创意思维和善于捕捉商机的才能。于是父亲很高兴地给了他 5 美元,因为这一游戏规则里的确没有排除倒数第一名。

木匠出身的齐白石,踏着自学之路步入艺术殿堂。他以不断的求新求变,构成自己光辉的艺术史。60 岁,70 岁,直至 80 岁,齐白石五易画风,形成独特的流派与风格。

【案例品鉴】 马太福音:主人要去外地,走前将财产分别给三个仆人,分别为五千、两千和一千两银子。回来后前两个仆人用银子作了生意,各赚了一倍;第三个只是把银子埋了起来,这时如数交回。主人将埋银子的仆人丢弃在黑夜里,说:凡是有的还要加给他使他更富有,没有的连他原有的也要夺去让他更没有。

为什么要惩罚第三个仆人?因为他没有创造和创新行动。

你站在界碑前,犹豫了很久。恪守某种信念,没有超越分寸。后来,一个神奇的想象,在你心中升起:把界碑向前挪动一段距离,眼前便开阔了一片新的天地。

一道好菜,不仅色香味俱全,形神兼备,造型独特,先声夺人。还要有"意",富有意境,富于创意。

最好的工作绩效,不是努力,而是聪明和创意。

"标新立异二月花"。要克服和打破从众心态,勇于、善于、乐于、热衷于与众不同。宁肯"另类"一些,也胜过随波逐流。

华罗庚:我总是反对"不要班门弄斧"这句话,应改为"弄斧必到班门"。

一个成功的犹太人对孩子说:当别人说一加一等于二时,你应该想到大于三。

创业者的定义:寻找变化,并积极反应,把变化当作机会充分利用的人。

模式创新比技术创新更为重要。如家改变传统酒店模式,以连锁化酒店功能的新型商业模式,获得了商业人士的广泛推崇;分众传媒"发现"了楼宇广告,并且开创了户外媒介传播的新方式。Google 的搜索模式,雅虎的 C2C 模式,亚马逊河的 B2C 模式,阿里巴巴 B2B 模式正成为全球互联网视野中的"第五模式",都是模式创新的典范。

发现新的需求,并对各种商业元素进行融合,将导致商业模式的普遍改变。

商业模式:在一定商业环境约束条件下人与商业资源整合协调的方式。

企业模式:一个企业的专业生产与社会资源整合而形成的独特运营方式,简言之,就是企业生产和销售产品的一套自成体系的方法。企业的运营机制,就是一个企业围绕目标有机运转的一套制度。特征是与目标共向,与业情匹配。产品创新重在科技含量,企业模式创新重在生产经营管理方式。

【案例品鉴】 14世纪的荷兰,人口不足100万。为争夺渔场,荷兰人和英格兰人爆发过三次战争,最终荷兰人凭一项创新技术脱颖而出。一个叫威廉姆·伯克尔司宗的渔民发明了只需一刀就可以除去鲱鱼肠子的方法。剖开鱼肚,去其内脏,把盐放在里面,可保存一年多。直到今天,许多荷兰人仍保持这种饮食习惯。鲱鱼去内脏后,不经烹调,即可一口吞食。那时没有冰箱,鲱鱼如此保存,使得荷兰鲱鱼畅销欧洲,并拓展了与世界各地的贸易。如今在鹿特丹的一些古老房屋上,仍可见到鲱鱼的图案提醒:鹿特丹作为世界第一大港的历史,就是从一只只装满鲱鱼的大缸开始的。到 17 世纪,荷兰东印度公司拥有 15000 个分支机构,贸易额占到世界总贸易的一半。悬挂着荷兰三色旗的 10000 多艘船游弋在世界五大洋之上。马克思评说:1648 年的荷兰,已达到了商业繁荣的顶点。被誉为荷兰的莎士比亚诗人冯德尔,为新落成的市政厅写了颂歌:"……我们阿姆斯特丹人扬帆远航……利润指引我们跨越海洋。为了爱财之心,我们走遍世界上所有的海港。"

荷兰使团 1656 年到北京,入主中原 8 年的大清朝廷兴奋地接待。向中国皇帝行三叩九拜的大礼,几乎没有一个欧洲外交官接受,但荷兰人做到了,他们态度明朗地说:我们只是不想为了所谓的尊严,而丧失重大的利益。

【案例品鉴】 20 岁的比尔·盖茨,从报摊的一本杂志封面上看到革命性的新微电脑设备 MITS 阿尔塔(AITAIR)8080,立即感到应该为那台单纯的小机器发明一种程序语言,他认为个人计算机革命刚刚开始,个人电脑的普及对软件的需求将无穷无尽。——预见到一个广阔新兴的科技领域的出现。而 IT 产业的龙头老大 IBM 却认为 PC 机没有前途,仍然搞大中型计算机加网络终端的方向,最终丢掉了 IT

行业的头牌地位。

【案例品鉴】 美国艾士隆公司董事长布希耐一次在郊外散步，见几个小孩在爱不释手地玩一只既丑陋又脏兮兮的昆虫，遂忽发奇想：现在市场销售的玩具都在追逐形象精美，如果朝相反方向迈一步，生产一些丑陋的玩具，那情形会怎样？结果他创意的"丑陋玩具"大获成功，公司收益颇丰。

创意已发展成为一种朝阳产业。创意的定义：很大程度上依靠个人创意、技能和天赋而建立起来的，并且在知识产权的建立和保护下，能够为社会创造潜在工作职位并带来潜在社会财富的产业。美国称版权产业，该产业出口额超传统的汽车、航空航天和农业，成为最大宗的出口产品。

1998年，英国政府首次提出"创意经济"概念，创意从传统的创新内涵中剥离出来，并逐渐成为主流概念。创意经济与创意产业不尽相同，2001年，英国文化、传媒和体育部定义，"创意经济史植根于德人的创造性、技巧和才能之中，而当利用这些因素对知识财富进行挖掘和发挥时，就可呈现出创造财富和就业机会的潜力"。1998年，英国出台《创意产业路径文件》，首次明确提出创意产业的概念，将其定义为"那些从个人创造力、技能和天分中获取发展动力的企业,以及那些通过对知识产权的开发,可创造财富和就业机会的活动"。

创意经济的实质是以创意投入和资本化为主导的经济行为,囊括所有创意产业和产业创意化的经济活动,对国民经济所有部门具有普遍意义。而创意产业,是以创意为核心的产业组织及其生产活动,其实质是拥有知识产权的产业服务,是现代服务业的重要组成部分。2007 年,联合国教科文组织在发布的"了解创意经济"专题报告指出,信息化、因特网以及计算机时代等多种因素,催生了创意经济的形成和发展。与传统经济相比,创意经济意味着,从以效用转向以价值为重心;从以理性资本转向以活性资本为基础;从以机械组织和秩序转向以有机组织和活的秩序为基础。

【案例品鉴】 《哈利·波特》作者罗琳,普通英国女教师,1990 年坐火车穿越英格兰时想出的有关小魔法师的点子,一路写下来,如今小说在全球发行 3 亿多册,个人资产达 10 亿美元,非凡构想,让哈利·波特电影、游戏、玩具、服装等各种相关产业获利上百亿美元。

创新与创意,必须建立在有价值有意义的基础之上。

【案例品鉴】 民间传有为官须看《曾国藩》,经商必读《胡雪岩》之说。此话实有某种误读与误导之嫌,《商界》杂志2005 年第 11 期《创造"有价值的利润"》一文的观点与论述可作力证:"一代巨商胡雪岩,富可敌国,为什么后来其生意闪电般烟消云散,让后人难觅一丝踪迹?而同为一代巨商的亨利·福特,却不仅提高了美国普罗大众的生活质量,还让美国变成了'坐在轮子上的国家'。答案是,胡雪岩没有创造'有价值的利润'。"

只有内含创新的制造业,才能实现和完成经济的有效发展。

商业之于国家,犹血脉之于人身,附丽而行者也。然而,自晚清工商业逐渐发展起来后,政商之间的合作勾结流行,清大臣李鸿章领办的"洋务运动",创办了数十家各类企业,产生出了"官督商办"的制度怪胎。官商合一的商业悲剧,是机会主义行商方式的恶果,其软肋在于人情关系与理性市场相背离。表面热热闹闹,实属无价值效益、无效经济。全球化的经济发展已进入组织、复制、效率时代,远非个人、智慧(个人非组织智慧)、以权谋商的年份。

清末富豪胡雪岩(1823～1885)安徽人,二品红顶商人,依附洋务派左宗棠经营银号钱庄当铺药号丝业等。其个人财富最多时，相当于清朝政府当年全部财政收入的一半。"一根天然草药撑不起巨富"。如此"伟大商人"，却未能使清王朝经济结构发生何种变化和百姓普遍受惠。盛宣怀（1844～1918）江苏人，淮系洋务派主要人物，李鸿章手下红人，显赫于晚清的企业家，到清朝末，全国航运铁路电报冶铁开矿纺织金融大权执掌其手；张謇（1853～1926）江苏人，"状元实业家"，系洋务派张之洞提携起家（其有名言曰："时时恃可成之心，时时作可败之计"）。民国时代，首富蒋、宋、孔、陈四大家族的财富背后，同样找不到产品或服务的影子。今天"华人首富李嘉诚也未逃此劫，以上百亿美元的个人财富，与比尔·盖茨同列《福布斯》全球富豪的前列，但看不到与之相匹配的企业产品和影响力"。

胡雪岩官商经济与西门庆一脉相承。西门庆靠贿赂买到了一个官，利用官职来保护他的买卖，享受一般商人得不到的特权，还比别人少交税（《金瓶梅》第49回）。第78回：朝廷里做事的熟人李三透露信息，有一档子"古器"生意，朝廷东京行下文书，建议他与张二官府"合着做这宗买卖"。"西门庆听了，说道：'比是我与人家打伙儿做，不如我自家做了罢,敢量我拿不出这一二万两银子来!'……西门庆又问道:'批文在哪里?' 李三道:'还在巡按上边,没发下来哩。'西门庆道:'不打紧,我这差人写封书,封些礼,问宋松原讨将来就是了。'李三道:'老爹若讨去,不可迟滞。自古兵贵神速,先下米的先吃饭,诚恐迟了,行到府里,乞别人家干的去了。'西门庆笑道:'不怕他,设使就行到府里,我也还叫宋松原拿回去就是。胡府尹我也认得。'"后果然如西门庆所料,行文到了府里,但宋松原看了西门庆的书信,还有信里夹着的银单,马上把批文拿了回来,仍交给西门庆来做。

在亲朋乡友的关系中发掘商业利润,视关系就是生产力,奉行做生意就是做关系,把心思和精力用在编织熟人网络,徘徊于商人游戏中,使"政商关系"演化为一种固定的模式。其本质上是"聚敛个人财富",而非"创造顾客和社会价值"。商业权谋或权术大打出手,尽显风光,都是极端推崇和演绎人际关系,而忽略和蔑视企业组织的作用。这种模式,只在流通领域做文章,不在产品质量和企业模式上下功夫。通过权力寻租获得的利润,与生产优质产品获得的利润有本质区别。前者并没有创造社会财富,只是进行了财富的转移(将社会财富变为个人财富)。

创新思维

【案例品鉴】《聊斋志异·鸲鹆·画马》:《鸲鹆》说的是有一个人带着一只八哥外出,途中银两花尽,犯愁之际,鸲鹆说话了:"何不把我卖给降州王府?"主人说不舍得。鸟说,不妨,你在城西20公里大树下等我。鸟卖到王府后,与州官喋喋不休地说话,逗得州官开怀不止,命人好好伺候。鸟洗完澡,梳理了羽毛,乘人疏忽,一飞了之。

《画马》讲述一个姓崔的人,一天在院子里发现一匹不知谁家的马,只是毛色不整,尾巴像被火燎过一样。但这匹马脚力神奇,官府王爷知道后以重金买下。后来,有官吏骑马公差,马乘官吏下马当儿,跑进了崔的邻居家,官吏追进去一看,没有找到马,却发现这户人家的室内墙上,挂着一幅画,样子正像那匹马。

《鸲鹆》《画马》对权势调侃取笑的同时,对市场经济作了萌芽的想象,但还浅表地停留在商业流通领域。

顾客是利润的唯一来源,为他们创造价值,为社会创造财富,是企业的责任与使命。微软互联网改变生活品质、生活方式、生活节奏,甚至生活发展方向;麦当劳解构了人们饮食传统习惯,导向了不同国度和肤色人们的口味。

一个优质"组织"可以像细胞分裂一样,毫不走样地在

128

全球成功复制。"组织自我复制能力",可使企业通过连锁、并购、战略设计获取利润。

　　我曾写过一篇谈"重复"的文章,希望将"重复"作为文学作品的一种修辞方法加以研究和运用。重复的功能,在于强化重复对象在读者心中的印象,并使之所承载的意义达到递进与升华。如:"在我的后园,可以看见墙外有两株树,一株是枣树,还有一株也是枣树。"(鲁迅《秋夜》)"从门到窗子是七步,从窗到门是七步","走过去是七步,走过来是七步。"(伏契克《绞刑架下的报告》)"我第二次到仙岩的时候,我惊诧于梅雨潭的绿了……我第二次到仙岩的时候,我不禁惊诧于梅雨潭的绿了。"(朱自清《绿》)

　　有意思的是,重复日益被大量应用于生活当中,显示出一种特殊的力量。其往往在催眠和心理暗示中,获得预期成效,这便首先成了广告的本质。一遍又一遍的广而告之,不厌其烦,乐此不疲,让你在重复再重复中,温柔地放弃所有抵抗。其次,重复什么时候成了商企业态争宠的对象,被演绎得波澜壮阔,如火如荼。如麦当劳、星巴克、奔驰、宝马等品牌全球复制,世界连锁。只是,我们要警惕重复被滥用,被劫持,因为——谣言重复一百次或许就会成为真理。

创新思维

现代企业组织管理的本质,是处理"企业组织"与"消费群体"之间的关系,是一个由"熟人世界"走向"陌生人世界"的过程。在后者里,个人情感式的东西都变得不再重要,都被法律意义上的禁止与惩罚替代。

尤其是家族企业,必须及时地提升到文化、道德和制度管理的层面。企业组织与消费者终生可能互不相识——这是"产品"与"消费"的关系时代。海豚式管理,就是强调从"人的关系"和"人的资源"模式(以善待人和利用人为基础)变为以原则(基本的、有关所有人类关系和组织的普遍原则,如公正、正义、诚实、正直和信任等,它们像自然法则一样,不论你是否遵守,都发挥作用)为中心的管理模式。其中特别强调"高度信任的文化"和"激发人的潜能"。现代企业里有一个时钟机制,即一个企业如果要求得到永久的发展,不能仅仅靠"上帝的第一次推动"完成,更重要的是建立起一种类似于时钟的机制。该机制强调以一种制度而不是人治来保证企业的发展。

管理要旨:《韩非子》:"人主之患在信人。信人,则制于人。"那么应当信什么?——信流程,信制度。权力背后是明确的责任。权力来自流程——你的权力大小是制度流程赋予你的,而不是谁的任命,更不取决于权术玩得高明与否。管理的出发点是事的顺序,而权术的出发点是人的服从;管理的本质是规律,权术的本质是谋略。

何谓管理?一种对事物运行规律把握的技术。而权术,则是对人际关系进行把握的技巧。无论与卖菜人怎样争吵都是商业,而如果用手段阻止他卖菜,便是政治。全世界任何公司中都存在政治,但每个优秀公司的政治都有非常明显的底线:权术服务于规律,权力是公司利益的底线。其逻辑与框架,首先是明确公司法人治理结构,保证公司领导权一定是在股东利益的制约下行使;其次是明确的雇佣关系,保证员工在合约规定的时间和范围内,所有的行动都应当符合公司的利益。

【案例品鉴】《红楼梦》第 13 回"秦可卿死封龙禁尉,王熙凤协理宁国府",实为一个"强势管理"的经典案例。那个"有名的烈货,脸酸心硬,一时恼了,不让人的"王熙凤,犀利地抓住了宁国府的要害:头一件是人口混杂,遗失东西;第二件,事无专管,临期推诿;第三件,需用过费,滥支冒领;第四件,任无大小,苦乐不均;第五件,家人豪纵,有脸者不能衿束,无脸者不能上进。"既托了我,我就说不得要讨你们嫌了。我可比不得你们奶奶好性儿,诸事由得你们。再别说你们'这府里原是这么样'的话,如今可要依着我行,错我一点儿,管不得谁是有脸的,谁是没脸的,一例清白处治。"恰逢一奴迟到违令,她便威令重行:"本来要饶你,只是我头一次宽了,下次就难管别人了,不如开发了好。""带出去打他二十板子!""说与赖升革他一个月的钱粮。"可惜,王熙凤的"改革"没有形成制度与机制,且孤军深入,单打独斗,其铁腕"治府",复兴王业,只能是一厢情愿,终究付之东流。

创新是终其一生的使命,创新一旦终止,生命就宣告完结。破坏性革新造就了微软,但伟大的微软已无勇气继续破坏性革新。迷恋已拥有的东西,包括过往成功的路径和经验,这是人的天性,也是商业组织的命门。现有商业格局,往往是成功者的利益格局。谁也不愿意与自己的利益为敌,成功于是乎成了创新的敌人。

任何一个产品和企业都是一个生命,那么就都有一定的生命限数。那些看似弱小,代表着未来趋势的竞争者,往往被忽视,或说是无能为力地看着它长大。未来是从现实中某一个局部萌芽的。事实上在某一个局部,往往弱小比强大更强大。真正的危机来自登顶后的一览众山小,因为强大者已从一个现有格局破坏者的位置转身到了利益维护者的立场。一个曾经威风凛凛的真老虎,什么时候变成了保守虚弱的纸老虎。

如果经验是包袱和桎梏的别解,那么没有经验恰恰是一大优势。

尼采说,最强有力的阻碍人们发现真理的障碍,并非是事物表现出的、使人们误入迷途的虚幻假象,甚至也不直接地是人们推理能力的缺陷。相反,是在于人们先前接受的观念,在于偏见。这些虚假的先验之物——对抗着真理。它们就好像是把船只吹往与唯一的陆地相反方向的逆风。对此,船橹和风帆是无能为力的!

因而创新要脱身固有观念束缚,勇于打破思维定式,另辟蹊径,拓展思维新天地。

没有永恒不变的纪录。有创造就有打破,打破是创造的亲密的恋人。

山的意义在于为平旷的地面树立一个高度。高度,意味着更广阔的视野和空间。

莫道华山一条路,从来天无绝人处。沙漠尚可成绿洲,荒原自能变草原。

【案例品鉴】 一天,国王考问大臣,谁能计算出王宫的水池里有多少桶水?众大臣面面相觑,无法回答。这时一个送蔬菜来的小孩走近说,陛下,池里有多少桶水,这取决于桶的大小。如果桶和池子一样大,那就只有一桶水,如果是池子的一半,那么就是两桶水……国王听罢哈哈大笑,遂令给送菜的孩子奖赏。

【案例品鉴】 公安局局长和一位长者在下棋,一位小男孩跑过来对公安局长说:"你爸爸和我爸爸正在吵架,你快过去劝劝吧。"那位老头问公安局长:这小男孩是你的什么人? 公安局长回答:"他是我儿子。"

问题:公安局长与小男孩是什么关系?答:母子关系。因为公安局长是小孩的妈妈。吵架的是小孩的爸爸和外公。

前者大臣们的大脑思维皆受固性的水桶所限,用日常生活中的水桶是无法量度出池水的;后者人们习惯地认为公安局长是男的,因为女性公安局长在生活中居少。

11   奇胜思维

创新要以奇取胜。出奇制胜,是创新思维的重要练习。

"三分春色描来易,一段伤心画出难"(《牡丹亭》)。"泪眼描将易,愁肠写出难"(薛媛)。"手挥五弦绘来易,目送归鸿画出难"。然而,就有画家用"蝴蝶追逐马蹄飞"来再现"踏花归来马蹄香"的情景。

古希腊有一个神谕,谁能将山茱萸树皮拧成的绳扣解开,他就应当成为霸主。亚历山大一开始也没有将它解开,事实上谁也不会解开,因为它压根就是解不开的。然而,亚历山大最终使它解开了,只不过他不是用手,而是用剑斩开的。亚历山大胜利了,他胜在脑筋急转弯——思维方式的转换上。

【案例品鉴】 北魏与大夏两军对峙在长安附近,太武帝拓跋焘乘夏军兵力被牵制在关中之机,抽身挥师北上,亲率轻骑 3 万,追星赶月,马踏飞燕,犹如天降,兵临城下。拓跋焘虽有箭伤在身,却披坚执锐,身先士卒。魏军士气大振,勇猛无敌,一举攻克统万城池,大夏国随之灰飞烟灭。随即,拓跋焘更统万城名为统万镇,后又称为夏州。统万城之战,开辟了北魏统一北中国大业的新阶段。

北魏拓跋焘攻打统万城,天公并不作美,大风裹挟着黄沙,从胡夏军方向朝魏军狂卷而来。就有左右神色惶然建议:夏军占天时地利,我军处于下风,撤军方为上策。拓跋焘偏不信邪,以剑指天道:千里征战,只为今日。夏军仗势必傲,傲则必败。传令避其锋锐,放夏军闪过,从背后击杀之,变下风为上风,化被动为主动。"遥望齐州九点烟,一泓海水杯中泻"。号称永不沉落的统万城,就在这一天被北魏骁将猛士一举攻陷。想当初,赫连昌与其父赫连勃勃一样,高坐统万城,君临万邦,不可一世。却几乎是在谈笑之间,一代枭雄与一座金城化作一缕青烟。

问:假如有机遇,你会不会把第二个城堡攻下来?

亚历山大:不! 我从不等机遇,我要创造机遇。

阿尔卑斯山是可怕的,尤其冬天几乎不可翻越,这一点拿破仑比谁都清楚。只是作为领袖,拿破仑的目光越过山上终年积雪,看到了山那边碧绿的一望无际的平原。

"像流星,燃烧自己照亮时代"的拿破仑,一生都在追求冒险和神奇。欧洲新古典主义绘画的先驱和代表性画家雅克·路易·大卫,曾一度蜚声和雄踞法国画坛。他的画作《跨越阿尔卑斯山的拿破仑》,恢宏再现 1799 年—1802 年第二次反法同盟战争期间,拿破仑率 4 万大军,跨越阿尔卑斯山,进入意大利,夺得马伦哥战役胜利的情景:圣伯纳山口积雪灿烂,天空阴沉而辽阔。昂首挺立在烈马旁边的年轻英睿的拿破仑，刚毅的脸上写满梦想和自信，披身的红色斗篷，火焰般跃动着激情和豪迈，伸出的手像一支搭在弯弓上的箭，锐利和奋勇地指向高远的山峰。跨越阿尔卑斯山这一充满诗意的壮举，使人们仿佛看到公元前3世纪迦太基统帅汉尼拔大败罗马军队的宏烈场面，以及公元8世纪查理曼大帝征战意大利的血色浪漫。这场战役胜利的鲜花，盛开成拿破仑威望和地位的空中花园。其实，拿破仑翻山越岭时骑的不是马而是驴子，穿的是普通军大衣而不是红色斗篷。据说大卫是依照拿破仑的要求，为渲染"英雄的气概和史诗般的远征"，对真实的历史细节作了艺术修改。

宋徽宗一次以"万绿枝头一点红，动人春色不须多"为意考试画工，"众皆妆点花卉，唯一画工于屋楼缥渺、绿杨隐映中，画一妇人凭栏立，众工遂服"。

有唐诗云："闺中少妇不知愁，春日凝妆上翠搂。忽见陌头杨柳色，悔叫夫婿觅封侯。"

诸葛亮大唱《空城计》，抓住司马懿多疑多虑之心之性，一反"诸葛一生唯谨慎"的常态，惊心动魄，化险为夷。

什么稀缺，什么就是贵宝。谁奇特，谁就是上帝。老子：知我者希，则我者贵。

第一个以花比人的是天才,第二个是文才,第三个是蠢材。然而"落花犹似坠楼人"往旁边一跳,比得奇巧,比出了新意。

"好雨知时节,当春乃发生。随风潜入夜,润物细无声。"杜甫笔下的春雨似有若无,高风亮节;而"细雨瞒人去润花,春风放胆来梳柳",也不失优美生动。"冬天已经来了,春天还会远吗?"雪莱的《西风颂》叫人叹绝;"风雨送春归,飞雪迎春到。"毛泽东的词别开生面;拙作《北方柳》,意在避开松柏,却写冬柳凌雪报春:"又见雪花飞,便知春消息。君看北方柳,迎风写绿意。"

手机彩铃应为听得清晰,而有一段彩铃却选用一个小孩的台词道白,且故意含糊不清,让人不得不再多听几遍,这一多听,商家便从中获了利。

【案例品鉴】 美国一个水果罐头商的产品出现滞销,一位管理人员不禁慨叹一声:"市场难料简直如谜。""对,就做谜语罐头"!不料这句叹息激发了老板的灵感,他立即传令将罐头盒都印上各种谜语,并注明谜底就在罐头内。由于添加了文化情趣,刺激了顾客的好奇心理,罐头销售立即呈现火旺之势。

【案例品鉴】 唐代一围棋高手,自命不凡,一次夜宿旅店,听到隔壁老妇人对儿媳说,烛既熄灭,然良宵难遣,可棋一局乎?于是两人不用棋子,只作口述,棋局华丽精彩,令旁屋棋手愧叹弗如。

太阳从西边升起:儿子趴在桌子上睡着了。方格的作文本上,流泻一行清新的文字:那天早晨,太阳从西边鲜绿地升起……父亲在心里狠狠地批评了一句:粗心,东方的"东"怎么写成了西边的"西"? 鲜红的"红"竟然变成了绿色的"绿"!忽然,他思维一亮,遂将这一句话抄录下来,寄给了一家报社。不几天,这家报社举办的科幻小说评选揭晓,金奖为——《太阳从西边升起》:那天早晨,太阳从西边鲜绿地升起……

错位:你……真是你,贝贝。汤的声音因过度激动而显得有点沙哑;目光,几乎一擦就会燃出火花来。贝贝媚然一笑,伸手拽过旁边一位先生说:这是我的先生凯。凯,这是我大学时的同学汤。好了,你们随便聊吧。说罢,旋舞一个优美的弧,没入那边杯盏叮当人声喧闹的旋涡里。

你……你真幸福,能娶贝贝做你的妻子。你不知道,我,我曾经多么想成为她的丈夫。不过,这已经是过去的事了。

我太羡慕你了!

不,你错了,先生,幸福的该是你。你当初为什么没把她娶回家?害我受了20多年的苦……

猫:一只猫追捕一只老鼠,追着追着,老鼠一拐弯,消失了影踪。一只老虎见状讥笑,哈!大的竟然跑不过小的去!猫却不以为然地说,老鼠跑慢了会没命的,而我呢?抓着抓不着老鼠,照样有吃有喝。过些日子,猫遭遇一只狗的追杀。险!就在狗牙锋利地咬向猫的当儿,幸被老虎撞见,猫遂躲过一劫。老虎正欲开口,猫早已抢在前面道:嗨!现在没有了老鼠,我的体重与日俱增,怎能跑过狗呢?

【案例品鉴】 一个官人来到"天尽头"赏景,地方官便请他题词,他操笔写了三个字:天尽头,回去不久官帽便丢了。而另一个做官的加了一个字,写成"天无尽头",结果回去竟升官晋爵了。

奇胜必须切断陈旧习惯的缠绕。

未经反思过的生活是不值得过的。

——苏格拉底

思维极易形成定势模式和惯性。

影响人类进步的不是未知,而是已知。

在人类集体记忆和意识中,精华与糟粕并存。我们落地降生,就不可避免地遭受是非价值标准和许多观念的"催眠",灌输,熏染,影响。

如今电视是最大的催眠,牵着我们走。台湾广告有"你在看我吗?你可以再靠近一点"。日本有电影叫《催眠》。

生活中,我们常常陷入一系列传统的心理误区:这山看见那山高;远来和尚会念经;"别人院里的果子总是更甜些";孩子总是自己的好,媳妇总是别人的美……

我们总是受到众多束缚的围困:传统,习惯,经验,条框,模式……柏拉图著名的洞穴比喻,是习惯势力强大的经典暗示。人脑子里心智资源可划分为三个层次:第一层次是指每天接收的信息,这一层次最为活跃;第二层次指时代烙印,比如某一年代人成长的背景;第三层次指文化沉淀,呈现为一系列价值取向:家族取向,注重家庭伦理,团队意识弱,为小家争利;权威取向,注重对权威的依赖;舆论取向(或面子取向),注重别人对自己的看法,从众心理浓重;漠视精确取向,不擅长于数据,做事喜欢模糊或不精确;人情取向,讲人情,不守纪律……

"面壁十年图破壁"。只有破茧,蛹才能变成蝶,实现飞翔的梦。敢于打破自己习惯的方式,跳出别人认为你能做什么的定型视线,开发自己能动的与众不同的闪光源。

遇到问题,头脑里跳出的第一个方案,总是流于大众化、一般化的,应予警惕,宜屏弃排除。

罗马皇帝罗慕洛斯说:一车必倒,妄扶反是骚扰。如果历史已无意于罗马,那么励精图治反而是一种反动。诸葛亮辅助刘备三分天下,实际上是一种逆历史而动。假如刘备的丞相变成曹操的军师,则历史统一的局面必然会来得更早。

【案例品鉴】 一个卖草帽的老翁,在一棵大树下枕一顶草帽睡了一觉。醒来后发现,担子上的草帽不翼而飞。正在疑惑,听得树上有笑声洒落。抬头一看,原来是几只猴子,每只戴一顶草帽嬉戏玩耍。老翁示意它们物归原主,可猴子们不予理睬。老翁灵机一动,摘下头上的草帽往地上一扔。善于模仿的猴子们纷纷将草帽扔了下来。

老翁的孙子长大后,孙承祖业,也以卖草帽为生。一天,他也来到那株大树下睡了一觉,结果重演了其祖父与猴子争草帽的一幕。他想起了爷爷传授的经验,便将一顶草帽扔到了地下。可是预期的效果没有出现,纳闷之际,但见一只猴子爬了下来对他说:傻瓜,你以为只有你才有爷爷吗?

【案例品鉴】 一头小象被拴在一根木桩子上，几经挣脱都未果。待长大足以轻松摆脱木桩控制，它却不再去做尝试与努力，因为它的记忆里储存着灰色的制约。一只落入瓶子的飞虫，你把盖子封上，它企图飞出，碰壁之后，你将盖子拿掉，它也放弃了飞出去的欲望。

田忌赛马：齐威王与大将田忌经常赛马。比赛时二人各自拿出上、中、下等马分别对阵。齐王的马每个等级都比田忌的强，所以田忌屡屡败阵。后来军事家孙膑给田忌出了个主意，让他以下马对齐王的上马，再以上马对齐王的中马，以中马对齐王的下马。结果，田忌以一负二胜战胜了齐威王。

拿破仑见一落水者喊救命，不仅不让人去救，反而朝落水者开了一枪。落水者受惊并意识到恐惧，结果拼命游上了岸。

巡游毛虫群体本能的实验：在大花盆里放满巡游毛虫喜吃的树叶，又在盆沿上放几条巡游毛虫。所有毛虫都跟着领头虫一圈一圈地走，无一打破列队，直到第七天全军覆没，皆累饿而死，无一例外。

现代版的"亡斧者"：火车在蜿蜒，车内座位上，一女士发现对面的小伙正在吃她的甜饼子，小伙被看得不好意思，便一分为二，拿一半自己吃，将另一半推向她，随之离去。小伙走后她发现，自己的甜饼子还在包里，对方的饼子原来并不是她的，只不过长得一样罢了。

要有反思传统的勇气，敢于"反弹琵琶"。鱼与熊掌不可兼得，来个兼收并蓄；无欲则刚，来个不可无欲不可贪欲，欲而不贪。倘若泯灭七情六欲岂非枉来世上？任何事物只有联系结果考察，才能甄别其正负价值。理论地评判私欲没有意义，倘若私欲能够引致有益的结果，那么同样会绽放美好的霞辉。大公无私、公而忘私，狠斗私字一闪念，能否给"私"留一点生存的空间？允许在不伤害别人下"自私"一下。一个不懂得私自己的人，很难想象会去爱他人。人既为高级动物，就一定保留有动物的某些属性，所谓鸟为食亡人为财死。只是人更理性，能够克制和掌控自己的言谈举止，实现理智之行，不必为财而死，而可以君子爱财，取之有道。

诸如桃李不言，下自成蹊；酒好不怕巷子深，都是保守封闭的思维，无奈陷入皇帝女儿不愁嫁的误区。而必须像王婆卖瓜自卖自夸那样大声叫卖，否则，季节一过，桃李失鲜，新酒充市，皇帝女儿成了老姑娘，错失金玉良缘。

【案例品鉴】 后唐庄宗李存勖父亲李克用一只眼睛失明,有"独眼龙"之号。民间有趣闻:李克用夺得河东地区,占据淮南的杨行密恐慌中欲了解李克用相貌,便派两名画工乔装商人,前去画李克用像。刚入河东,两名画工就被李克用抓着。李克用倒也大度,对画工说,我的一只眼睛,确是瞎的。现在你们就画我吧,画得不当,便杀。画得我满意,有赏。时值盛夏,这名画工见李克用挥扇驱热,灵机一动,画面上李克用瞎眼的半个脸,遂被扇角遮住了。可是李克用看了怒斥道,这分明是谄媚于我,喝令手下将画工斩了。另一名画工以弯弓射箭为构思,画中李克用一眼微闭,做瞄准状,箭矢指处,一只大雁正从空中掠过。李克用拿过画像哈哈大笑,命人重金赐赏。

哥伦布发现新大陆之后,有人不服,并出难题,令其将一枚鸡蛋立起来。啪的一声,哥伦布将鸡蛋打碎,利用碎处的平面,使鸡蛋稳稳地站在了那里。

1873 年,主管国家预算的 33 岁的涩泽荣一,在国人眼里被视为仕途锦绣的政坛之星,却突然递交了辞呈,弃官从商,创办了日本第一家股份制公司银行。他一生中先后创建了 500 多家企业,被称为"日本的现代企业之父"。

俄罗斯与西欧有着深深的渊源关系，是连接欧亚两个大陆的桥梁。1472年当时的莫斯科王公迎娶了东罗马帝国的继承人末代公主，此后俄罗斯的统治者们开始以罗马帝国的继承人自居。他们继承了罗马皇帝"双头鹰"的徽章。今天这个徽章被确定为俄罗斯的国徽。东罗马帝国灭亡之后，1547年，伊凡四世在克里姆林宫戴上了罗马皇帝使用过的王冠，成为俄国的第一个沙皇，"沙皇"在俄语中的意思就是"恺撒"。16世纪初，一位俄国东正教的长老上书沙皇称：人类的历史就是三个罗马的历史，前两个罗马已经灭亡了，最终一切信奉基督教的王国合并到沙皇的统治之下，莫斯科作为第三个罗马将永世长存。

1697年，俄罗斯与西欧的差距，刺激着彼得一世，他毅然决定跑到荷兰、瑞典、英国打工留学，并和牛顿有过交往。世界上还从来没有一个大国的君主这样，远涉重洋去国外吸取先进科学文化。回国后，他发动了社会变革：废除了俄罗斯的传统历法，代之以欧洲通用的公元纪年；按照西欧的语言习惯改革了俄罗斯文字；强调推行欧洲的礼仪服饰，命令所有俄罗斯人剪掉长胡子，否则交纳重税；要求每一个体面人必须做一套"西装"。

　　靠经验生活,利用经验思考,排斥经验以外的事实,是人的本能。北斗星仅仅像勺子吗？像不像风筝？或两个 M？甚至像一条鱼……

　　一牛落井,众人用绳子拉了许久,牛就是出不来。后来有人用往井里灌水的方法,让牛自己走了出来。

　　事实上在月球是看不到长城的,因为长城是狭窄且不规则的。在轨道上,很难看到不规则的事物。从机场通往城市的宽大直路,那会比不规则的长城更容易看见。如果从月球上看长城,相当于在 27.26 米以外看一根头发丝——登上月球的美国宇航员奥尔德林揭秘说。

　　英雄是在创造历史的过程中被历史创造而成的。英雄和杰出人物的思维总是超常的。武则天为自己造名字"曌",思维奇特,造字大胆:象征日月同辉,君临天下。仆人眼里没英雄,只有伟人才可理解伟人。伟人的思维总是超乎常人和出其不意的,因而常为人不解并引发争议。天才与疯子是邻居。伟人有不同领域不同角色的伟人;任何伟人都是特性的伟人和特境中的伟人,就一个伟人而言,不可复制和再生。如果成为伟人需要条件,那么至少去做一个心灵的伟人,站在心灵的地平线远望和解读伟人。

《我们的旗帜飘扬在空中》是美国著名画家弗雷德里克·埃德温·丘奇"南北战争"期间的杰作。画家将旭日映照下天空中的景象戏剧化地处理成一面飘扬的"旗帜",寓意上帝与合众国同在。并巧借一株大树作旗杆,苍劲挺立,立于大地,极具震撼力和感召力。

【雅文品赏】 埃利蒂斯《疯狂的石榴树》:在这些刷白的庭院中,当南风 / 悄悄拂过有拱顶的走廊,告诉我,是那疯狂的石榴树 / 在阳光中跳跃,在风的嬉戏和絮语中 / 撒落她果实累累的欢笑? 告诉我, / 当大清早在高空带着胜利的战栗展示她的五光十色 / 是那疯狂的石榴树带着新生的枝叶在蹦跳? // 当赤身裸体的姑娘们在草地上醒来 / 用雪白的手采摘青青的三叶草 / 在梦的边缘上游荡,告诉我,是那疯狂的石榴树 / 出其不意地把亮光照到她们新编的篮子上 / 使她们的名字在鸟儿歌声中回响, 告诉我 / 是那疯狂的石榴树与多云的天空在较量? / 当白昼用七色彩令人羡妒地打扮起来 / 用上千支炫目的三棱镜围住不朽的太阳 / 告诉我, 是那疯狂的石榴树 / 抓住了一匹受鞭挞而狂奔的马的尾鬃 / 它不悲哀,不诉苦;告诉我,是那疯狂的石榴树 / 高声叫嚷着正在绽露新生的希望? // ……在四月初春的裙子和八月中旬的蝉声中／告诉我，那个欢跳的她，狂怒的她，诱人的她／那驱逐一切恶意的黑色的、邪恶的阴影的人儿／把晕头转向的鸟倾泻于太阳胸脯上的人儿／告诉我，在万物怀里，在我们最深沉的梦想里／展开翅膀的她，就是那疯狂的石榴树吗？

绝响的无声："夜里的钟声将凡人引领到天堂"。月光洗白了钟声？抑或钟声敲白了月光？德国浪漫诗人诺瓦利斯散文诗集《夜的颂歌》吟唱："夜是无限、永恒的象征，带来安宁与和谐，白昼也是从黑夜中走出来。"

美国现代音乐家凯奇热衷《易经》，参禅悟道，追求"空的节奏结构"。20世纪50年代的一天，其新作《四分三十三秒》首次在纽约演奏，剧场座无虚席，人们翘首以待。钢琴家走上舞台，正襟危坐于钢琴前，却没有去触动钢琴键盘，眼睛只盯着自己的手表。

剧场静极了，人们听得见自己的呼吸和心跳。一分钟，静默；两分钟，静默；三分钟，静默……四分三十三秒时，钢琴家站起来谢幕：乐曲演奏完毕。——世界音乐史上最长的休止符，一支也无音符也无声的乐曲。

有欲观窍，无欲观妙。沉默如金。此时无声胜有声。四分三十三秒的寂静，像中国书法的飞白，像影视中的空镜头。同一个静场，一千个听众，一千曲不是音乐更是音乐的音乐。多少轰鸣劲烈的声乐淡忘了沉寂了，如同风雨中唱累了的树叶，黯然飘落在秋日的一角，惟这一段"四分三十三秒"的虚空静默，以一泓无声的旋律令人久久难忘。

12　　角度思维

奇胜思维特别钟情切入事物的角度。寻找独特的角度，是擦燃奇胜思维火花的燧石。奇胜之胜，往往胜在新颖独特的视角。

《大般涅槃经》："尔时大王，即唤众盲各各问言：'汝见象耶？'众盲各言：'我已得见。'王言：'象为何类？'其触牙者即言象形如芦菔根，其触耳者言象如箕，其触头者言象如石，其触鼻者言象如杵，其触脚者言象如木臼，其触脊者言象如床，其触腹者言象如瓮，其触尾者言象如绳。"

这便是成语"盲人摸象"典故的来源。

人的视野、视力所限，无法全景、广角度地摄描硕圆的世界，随时都有落入"盲人摸象"窘境的可能。人要获得世界全息，准确认知事物，借助思维的力量是唯一路径。而角度思维,在思维百花园里,散发着奇异的芳香。

角,本为数学名词,用以计算角的大小的量,通常用度或弧度来表示,《管子·七法》:"尺寸也、绳墨也……角量也,谓之法。"古代中国将一周天分为 365.25 度。战国时石申夫测定二十八宿距度,由于距星与后世所取不同,其值也有差异,遂有"古度""今度"之称。科学为生活服务,角度便从数学领域走出来,被喻作看取事物的切入点和出发点。

目标确立以后,方法就是决定的因素。方法里最重要的是认知世界的角度,或被称为视角,切入点。

伽利略:科学是在不断改变思维角度的探索中前进的。摄影师总是避开事物和人物的正面,而力图寻找到恰好的角度,以揭示和呈现一个人的特质。

角度思维的表述:主体从哪个方面、哪种关系去认识世界,通过不同的参照系去认识世界的不同方面。人类正是在思维角度不断分化、不断形成新角度的认知历史进程中,使思维空间不断扩大化、网络化和层次化。

换个角度看世界。人们只要轻轻变换一下思维角度,便会获得一种峰回路转、柳暗花明的效果。果实的第一观感自然是色彩与造型,而最富于诱惑的却不是果皮、果肉而是果核。一层层、一瓣瓣地剥开来,剥到最后,一幅精美绝伦的果核图案,就会豁然惊艳你的眼睛。

给一个支点,阿基米德就会撬动地球。

每一件事物都是广角性的,要找寻适合自己的最佳角度。

独特的视角意味着创新,意味着避开雷同的发现。

许多胜利和成功,都是思维的胜利与成功。思维决定创新,常变才能够不变。

日出如歌落飞霞,风雨润苗雪艳梅。换取角度看世界,横峰竖岭各千秋。

雪花快乐地飞动,快乐地歌唱,快乐地落下,快乐地化成一滴水汪汪的快乐。雪花忧伤地飘零,忧伤地哭泣,忧伤地落下,忧伤地化成一滴泪汪汪的忧伤。你非雪花焉知雪花快乐?我非雪花但我心快乐。

碧云天,黄花地,西风紧,北雁南飞,晓来谁染霜林醉,总是离人泪——这便是泪眼问花、泪眼看树的结果。

《战争让女人走开》是苏联一部电影的名字,其从女人的视角展现男人的雄壮,避开了从正面切入使英雄概念化。

【案例品鉴】 博物馆有十件国宝级珍物丢失,而博物馆馆长却很镇静,他提议接受电视采访,扬言共丢宝物十一件,而其中价值连城的是一枚戒指。几个偷盗者看了电视,由于互相猜疑戒指在谁的手里,而发生争斗,结果暴露马脚被警方抓获。

【案例品鉴】 管仲以经济角度切入,力助齐桓公将齐国做到了春秋霸主,所谓"九合诸侯,不以兵车"。管仲向欲夺取边国梁和鲁的齐桓公献策说:殿下,从今天开始,你不仅要带头和下令国人穿用鲁国和梁国的绢做的衣服,而且所送礼物,也要用鲁国和梁国产的绢。于是,鲁、梁两国的绢价暴涨。鲁、梁两国国君遂下令百姓,不须种米,全部改种桑树养蚕。见时机成熟,管仲便下令所有关口,一律禁止绸绢进入齐国,同时一粒粮食也不准流到鲁、梁两国。断粮的鲁、梁两国百姓,纷纷逃到齐国活命,两国君无奈,只好向齐国投降。

第三章　博弈思维

诺贝尔奖得主保罗·萨缪尔逊：要想在现代社会做一个有文化的人，你必须对博弈论有一个大致了解。

博弈在英语里是 game，作认真讲，并有竞赛意。博弈公式为：规则＋戏乐＋输赢。奥林匹克运动：Olympic games。成为全球最大的游戏竞赛活动，在游戏中获得人类更高更快更强的共同追求。诺意曼（数学家）与摩根斯坦于 1944 年出版《博弈论与经济行为》，被视为博弈理论的诞生。

博弈在中国是一个历史悠久的词语。《论语·阳货》：子曰："饱食终日，无所用心，难矣哉！不有博弈者乎？为之，犹贤乎已。"这里的博弈便是"下棋"之意。汉魏六朝时韦曜《博弈论》："假令世士移博弈之力，用之于诗书，是有颜闵之志也;用之于智计,是有良平之思也;用之于资贸,是有猗顿之富也;用之于射御,是有将帅之备也。如此,则功名立而鄙贱远矣。"

博弈具有强烈的现实性,其客观条件极为重要,比如足球赛就分死亡之组、幸运之组,各组的条件关联着球队的最终命运。此外,影响博弈走向的,除各方生态对比,还有瞬息万变的局势。博弈,其实在我们生活中经常运用,如策划、运筹、分析研究,只是我们未将它上升到自觉和理论层面。

博弈,首先就是一种思维形态、流程。通过有效和科学的决策,使自己摆脱困境,与对手在特定条件下环境中实现均衡。其更像是以一种游戏的方式来化解陷入僵局之难的思维与策略。

13　博弈思维

假如遭遇失火,而现在只有两道门,排除道德等其他因素,你将选择哪道门逃生?

一台电视机,有三个人同时观看,其中一个要看音乐台,一个要看体育台,一个要看电视剧,该作如何分配?

正与对方通电话,突然断了线,是等待对方打过来,还是给对方拨过去?因为存在双方同时拨,就会永远打不通的可能。

这些都是生活中常见的博弈思维的案例。

博弈论一语道破天机:你与别人的选择互为条件。

这个别人,有时或为大自然,所谓天时地利人和。每个人的选择,举措,运筹,设计,都是一种博弈行为。农民种地与天博弈,股民炒股与股市博弈,行人出行需要通盘考虑交通设施等因素。

博弈根本法则:向前展望,倒后推理。

博弈的理想境界——纳什均衡:利益相关各方,不一定都能实现利益最大化原则,但却能使所有参与者都达到最大化的均衡状态。

诺贝尔奖得主莱因哈德·泽尔腾教授:博弈论并不是疗法,也不是处方,它不能帮我们在赌博中获胜,不能帮我们通过投机来致富,也不能帮我们在下棋和打牌中赢得对手。它不告诉你该付多少钱买东西,这是计算机或者字典的任务。

博弈论大师鲁宾斯坦:一个博弈模型是我们关于现实的观念的近似,而不是现实的客观描述的近似。

约瑟夫·福特:上帝和整个宇宙玩骰子,但是这些骰子是被动了手脚的。

哥德尔不完备定理:任何一个理论体系必定是不完全的,任何理论都包含了既不能证明为真也不能证明为假的命题。

【案例品鉴】 智猪博弈:设总共 10 个单位,按钮耗力 2 个单位。那么,如果大猪小猪同时按,大猪可吃 7 个单位,净吃 5 个单位,小猪可净收益 1 个单位;如果大猪按,小猪吃,则大的净得 5 个单位,小的净得 3 个单位;如果小猪按,大猪吃,则大猪净得 9 个单位,小猪净亏 1 个单位。倘若谁都不按,那么各自收益都为 0。

【案例品鉴】 情侣博弈:设男是球迷,女为歌迷。而男女同看足球,那么男收益 2,女收益 1;如果同听歌会,那么女收益 2,男收益 1;倘如分开去看,则彼此皆为 0。

博弈论里经典例子:警察对一胖一瘦两个盗窃嫌疑人进行审讯说,如果俩人同时坦白,则各狱三年;如果都不坦白,则各狱一年;而若是一个抵赖另一个坦白,那么抵赖者狱三年,坦白者则当即释放。

明代宋濂的《宋文宪公全集》有记:两个志趣相投的好

朋友曾以血盟誓:二人同心,不为权位所诱。不久,他们一起来到晋国。当时赵宣子在晋王前很得宠,士大夫们都奔走于他家。甲按捺不住官欲的撩拨,又怕被朋友乙发现,于是在一天的大清早,他悄悄推开赵宣子的门,却忽然发现角落里坐着一个人,借了早晨的光线凑过去一瞧,不是别人,正是好朋友乙。

没有最好只有更好。世上没有绝对的完美,只有无限地接近完美。

麦穗法则:智者把三个弟子带到一块麦田,分别让他们穿过麦田,各摘一穗最大的麦穗。第一位总想着后面会有更大的,结果走到尽头,空手而返;第二位刚走几步,就摘了一穗,后来发现有许多大的,无奈失去了采摘的权利,只能望洋兴叹;第三位在麦田里边走边观察比较,适时摘取了一穗,也许不是最大的,却是比较满意的。

博弈,是智慧的练习,是最划算的生意。知进而不知退者谓之莽,知退而不知进者谓之懦。进退有余,屈伸自如,取决于博弈的高超艺术。

商业如戏,但假戏永远成不了真。

人可能有时生发骗取之心,"假语村言",而唯有利益,从不撒谎。

骗子讲的是良心话。否则人们就不会相信,骗子也就成不了骗子。

所有通往地狱的路,原先都是准备到天堂去的。

麻将效应:坐到牌桌前的,都一样抱着赢的心理,问题是总有人要输。

沉不住气,就输了一半。商业的情人是风险,风险的兄弟是暴利。

一句可信的威胁,胜过 100 场商业鏖战。

大鱼不会去小池塘觅食。

强者愈强,赢家通吃。

一个超前,一个快速,两大制胜法宝。抢先行动,可以抢占先机。快速作为,可以争得主动。

知道自己拥有的东西及其核心价值,远比发现自己缺什么更为珍贵。

耶稣:“你们要走窄门。”宽门因其宽而拥堵,窄门因其窄而通畅。

羊群效应:少有主见,疏于思考,从众从流。

【案例品鉴】 明朝著名画家唐伯虎曾拜大画家沈周为

师,由于沈周的溢美,唐伯虎渐渐飘飘然起来。一次吃饭,沈周说有点热,遂让唐伯虎去推开窗户。唐伯虎走到那扇窗户前,推了几次都没有推开,仔细一看,啊!原来是沈周的一幅画。唐伯虎非常惭愧,从此潜心学画。

一个人的强大,往往决定于对手的强大。雏鹰因风暴而成为雄鹰,蒙古人在狼的啸叫声中勃然崛起。

谁的威胁或承诺奏效,能够吸引对方跟着走,谁就会成为最后赢家。

马太效应:加于富者,令其更富;减于穷者,让其更穷。

最合适的才是最有用的。物竞天择,适者生存。生物学原理:在每个小生态环境中,具有同样生态学功能与同样生态学指标的物种中只能保留一个。

真正的战争艺术是运动战,即在不断变化的环境中寻找敌方的弱点,然后集中自己优势,一举而定。毛泽东让军队不断运动,主动制造新的陌生环境,让对手不能适应,创造了新的以少胜多的战例。

砺石成就了剑锋;苦寒逼出了梅香;悬崖创造了瀑布。

千流入海,万法归宗。赛者千万,冠军一个。

"蓝海战略"的核心包括:把视线从市场的供给一方移

向需求一方，实现从关注竞争对手的所作所为转向为买方提供价值的飞跃；重建市场和产业边界，开启巨大的潜在市场需求，开辟新的商业领域；创造新的商业模式，实现颠覆性发展。

【案例品鉴】 经济运行要谨防和力避资产泡沫。资产泡沫演义：设有一个甲乙丙三人小国，该国流通总量是两枚面值为 1 美元的硬币。甲拥有一块土地，乙和丙各拥有 1 美元。

一、乙用 1 美元购买甲的土地。这时，虽然还是一块土地、两枚硬币，然而该国的净资产却成了 3 美元。

二、丙认为作为不可再生资源，土地必将增值，便向甲借来 1 美元，以 2 美元的价格向乙购买土地。甲的净资产是 1 美元，虽然借给了丙；乙拥有 2 美元；丙拥有 2 美元的土地，因负甲 1 美元债务，其净资产为 1 美元。这时，该国净资产便是 4 美元。

三、甲发现土地在升值，后悔不该出售土地，便向乙借得 2 美元，扣除丙的欠债 1 美元，以 3 美元价格赎回了那块土地。甲拥有 3 美元的土地，因债务乙 2 美元，故其净产值为 1 美元；乙拥有 2 美元的债权，其净资产是 2 美元；丙拥有 2 美元现金,其净资产为 2 美元。这时,该国净资产成了 5 美元,民殷国富,一派繁荣景象。

四、如此这般地炒了一些日子,突然不知从哪里刮来一股风,土地开始贬值为 1 美元。甲的净资产成了负 1 美元;受土地贬值影响,丙宣布破产;乙的 2 美元债权成了坏账,净资产成了零。

14　　竞争思维

掀开理论的面纱,原来博弈是关于竞争的艺术。

竞争是市场经济社会的底色。

竞争无绝对法则,如果有,那就是其本身。

核心竞争力:唯一。

竞争力是对复杂资源进行组合和运用的能力,并且随着时间、环境的不断变化而变化。

竞争是人的天性,是社会发展的动力。竞世界之最,争天下之先。高处空气稀薄,却离天更近。头条新闻最为抢眼和闪亮。要么倒下,要么更强大;要么有声有色,要么销声匿迹。

古罗马人会把自己的儿子放到格斗学校去搏击,让他们生死由天,其目的是培养孩子在竞争中崛起的能力。

竞争无处不在,博弈无物不显。

足球定律:意料之外,逻辑之中。

竞技法则:只承认王者,不相信眼泪。

为了练习竞争,有时可以设定对手,虚拟或假想敌手。竞争获胜,你常常该感谢的竟是对手。比如李昌镐的出现,是许多棋手的悲剧和喜剧,喜在有幸亲见大师,悲在不幸无缘称霸。庄子与惠子,伯牙和钟子期都互为对手,相得益彰。非洲大草原奥兰治河东岸的羚羊,奔跑速度每分钟比西岸的快 13 米的原因,是东岸羚羊附近生活着狮群,是天敌反助了它们的强大。狮子成了羚羊的激活素。只有经常砥砺,刀子才能远离生锈。

日本有一种鱼备受市场欢迎,只是从海里运回到岸上就都死了,不新鲜了。一个渔民打破了这个神话,唯有他船上的鱼活蹦乱跳。原来他在船上放了几条使这种鱼恐惧的另一种鱼,从而激活了这种鱼的求生能力。

超越对手,强大自己。要把自己想成主动发力的发动机,而不是被动受力的齿轮。

强身先强心,练技首练心。事业与心胸成正比。两强相遇，分晓见于心态。

拳击定理：击倒对方的力量，看似通过拳头，实则源自心力。

跳高定律：把心先跳过去，身子就会飞过去。

使一线变短的最好办法是在它的旁边划一条长线。让一个人对你的嫉妒变成崇拜的"药方"，是努力拉大对方与你的距离。

取法乎上，仅得其中。因此要有敢争天下先的精神。

不想当元帅的士兵不是好兵。世界是冒险家的乐园。

大胆不等于勇敢。要有胆有识，智勇双全，忌匹夫之勇。

欧洲工商学院 W·钱·金教授的《蓝海战略》，意在提醒企业家避开和跳出血腥的红海竞争，创意地寻找属于自己的一片蓝海世界。或许金教授的初衷可嘉，然而，桃花源里可耕田？竞争已覆盖所有领域与角落，何处找寻绝对的蓝色平静？

男人之男：一滴鲜红的男人血／浓烈过波涛汹涌的大海／一柄烈火中诞生的剑／淬入男人火焰般渴望与豪情／剑胆琴心　仗剑天涯／挥剑决云　剑气长虹……／战场　男人最钟情最心动的风景／男人一生亮相和谢幕的地

方／男人可以出身卑微但必须捍卫剑的高贵／可以交出生命但不能交出战斗的权力／在男人的早晨和夜晚／战斗永远擦得剑一样雪亮／纵然睡觉也为做一场战斗的梦／男人总是把战场当作墓场／墓场里的鲜花是男人血浇灌的花朵／花枝如剑　　花蕾蓬勃／永恒盛开着春天的壮美／盛开着人类无尽的诗意

人才的争夺，从来都是博弈与竞争的命门。

圣西门："假如法国突然失去了自己的 50 名优秀物理学家，50 名优秀化学家，50 名优秀诗人，50 名优秀作家，50 名优秀军事家和民用工程师……法国马上就会变成一具没有灵魂的僵尸。"

比尔·盖茨："把我们顶尖的 20 个人才挖走，那么我告诉你，微软会变成一家无足轻重的公司。"

博弈的终极期望是双赢或多赢。无论是合作，还是竞争，双赢都是相关各方最明智的选择。在现代社会，任何一项社会活动，都是一种创造性的活动，都是一种非零和博弈。

生态被指为个体与环境构成的统一整体。无论生物界或是社会组织领域，一种生态得以稳固壮大的前提，是开放参与和可循环。多强大的物种,如果不能接纳周围物种的进化现实,都不可能独立存在,这是大自然生存规律与法则。原产于澳洲大陆的桉树被称为"霸王树",其对土壤的肥料和养分需求极大,强势地威胁和剥夺着其他树木的生存权,其结果只能导致自己濒临灭绝。

腾讯没有争做中国互联网界的巨无霸,却是豁然选择了开放平台。电动汽车制造商特斯拉的首席总裁马斯克宣布:"今后任何人使用特斯拉技术,只要出于善意目的,公司都不会发起专利侵权诉讼。"

沧海横流方显英雄本色,竞争博弈展现智慧才华。

英雄是在创造历史的机遇中被历史创造而成的。

既然山顶的风更大,就将人生的旗帜在悬崖峭壁插起澎湃的呼啸。

心理学家阿德娄说:"人类最奇异的特征之一,是把减号变成加号的能力。"

巴菲特:"做没有做过的事叫成长,做不想做的事叫改变,做不敢做的事叫突破。"

美国 NBA 进行得如火如荼,詹皇和邓肯在总决赛中相遇。当骑士惨遭横扫出局之后,邓肯对詹皇说:未来是你的,但现在是我的。

推陈出新。不,出新不推陈,陈新不矛盾。事物与事物之间无绝对的对立,即使矛盾着的事物也彼此依存。

生命中什么最重要?这样的命题显然具有误导性错误。理想,信念,事业,爱情,家庭,朋友,尊严……都重要,它们不是阶梯形、串联式,常常呈现并列状。

生命是一幅多色块的拼图,如在中国地图上,山西、河南与广东,每个省都因各自的重要性而不可或缺。

太阳对月亮表示感谢,月亮却说,是太阳给了我光芒,使我在人间拥有了星星一样多的赞美。太阳说,可是我要感谢你,因为你,我的生命在夜晚得到了延伸和传播。

有人这样描述企业的发展过程:初级阶段是"独奏",也许一支箫或短笛就可以吹出动听的音乐。发展阶段像二重唱或合唱,讲究局部整齐划一。成熟阶段则是"交响乐",每一个乐章,每一种乐器,都要围绕乐魂和谐演奏,相映生辉。

【案例品鉴】 战国时,越国有两个地方官员闹矛盾,一个叫密须奋的下属为他们调解说,你们听说过海里的水母没有?它没有眼睛,靠虾来带路,而虾则分享水母捕捉的食物。再看琐鲒,寄生蟹把它的腹部当作巢穴,螃蟹为它捕食,它为螃蟹提供住宿……而西域的两头鸟,彼此嫉妒,两个鸟头饥饿时相互啄咬,其中一个睡着了,另一个就往它嘴里塞毒草,其实它们中有一个死了,另一个也不会存活下来。说得两人重新和好起来。

可口可乐和百事可乐明争实合,联手开拓市场,创造顾客;麦当劳和肯德基,前者开到哪里,后者就会跟着出现。

有两家相邻的商店,常常为同一件商品竞相降价,甚至还相互叫骂。价降到一定幅度,总有一家撑不住了只好停下来,人们便纷纷到另一家抢购。一天,一家老板去世,另一家便随之关门。新接管的两家老板在对商店检查时发现,两店间有一条秘密通道。后来方知,这两个死对头原来是一对亲兄弟。

如今身兼多家互联网公司系统安全顾问的凯文·米特尼,曾为世界头号黑客,当年被美国联邦情报局以江洋大盗通缉,虽然那时还没有现在的无线互联网移动技术。继《欺骗的艺术》一书之后,凯文·米特尼接连出版三部书,皆获得很大成功。在他看来,互联网历史上如果没有黑客精神,就不会有今天的互联网。正是在黑客不断打破常规的精神刺激和推动下,互联网才得以魔高一尺道高一丈地飞跃发展。

　　一个有成就的经理人不是当情况发生变化时能够及时作出反应，而是能够预见到变化，并因此采取适当行动的人。

——哈罗德·孔茨

　　竞争与博弈，都须强化前瞻意识。放飞目光，高瞻远瞩。凡事预则立，否则会落入人无远谋，必有近虑的困扰。未雨绸缪，"上兵伐谋""上医治未病"，书法提倡意在笔先，画图讲求成竹在胸。警惕和避免待到花开花落去，方知结子为春忙那样的被动与滞后。

　　民间常言：后生可畏。小的不仅是美的，而且是强大的。一棵小草不仅有力量托起一片田野，还可以撑起一座春天，一个季节。而春天，总是从一棵小草开始，生长为万紫千红的世界。远视者总是站上未来大鹏飞翔的翅膀，回眸和关注眼下蹒跚学步的雏鹰。

　　前瞻需要插上想象的翅膀。生命设计了想象的功能，上帝赋予我们想象的权利。寒冷时想象跳跃的火苗，冬天里想象闹春的红杏，干渴时想象泉水的清冽，分别时想象重逢的拥抱，忧伤时想象亲人的笑容，挫折时想象成功的鲜花，想象是超越时空创造世界的力量，想象是人类自由翱翔的翅膀，学会想象善用想象，生活就流溢诗的韵味画的情调。

169

对事物保持预见性，源自对情况的经常调研与始终熟知。

好棋手走一步看三步想七步。

长跑与短跑，绝不会是同一种节奏和速度。

快半拍与慢半拍，往往会造成两种结果，两种前途。

切开一只苹果，你看到了什么？是的，果核，还有果仁。你若启动联想，打破时空，就可以看到一片苹果林，一座苹果园，还有染红我们心情、压弯枝头的红苹果——"黄四娘家花满蹊，千朵万朵压枝低"。如果愿意，我们还可以看到嫁接的多品种的果实。

福楼拜说："人们通过裂缝发现深渊。"

喜剧演员史蒂文·赖特说："我在看印第安纳波里斯500赛车时心想，如果他们早点出发，就用不着开那么快了。"

破窗理论：窗破及时补好，以免给人负面启发。

【案例品鉴】 唐中宗神龙元年，宰相张柬之等人诛杀武后侍臣张易之、张昌宗，发动政变，逼武则天禅位，迁回上阳宫。张柬之等五个有功之臣弹冠相庆，一块参与密谋的姚崇劝他们事情并没结束，众人不听。姚便痛哭流涕："我虽参与了讨伐叛逆，也算不上什么功劳。然而一想到曾长期侍奉武则天,觉得这样做,有背旧主啊！做人臣的应当保持始终如一的节操。"后来,武三思与韦后专权,五公遭害,姚崇幸免。这一"五公相庆,姚崇独泣"古典案例背后的潜台词,就是遇事要有超前目光,远见卓识。

【案例品鉴】 孟尝君乃战国四公子之一, 其门下食客多达数千人。一次,他派姓冯的食客到薛地收债。冯食客问:债收毕可带何物回来? 孟随意而答,缺什么就带点什么。冯到了薛地,把欠债百姓都招了来,将签过的契据,统统烧掉。回到孟府对孟说,府上珍宝满目,美眷成群,想来只是缺少义,故买了回来。孟尝君听了颇不高兴,拂袖而去。一年后,孟尝君失宠于齐王,被贬回封邑薛地。离薛地尚有百里,就见当地的百姓前来迎接,孟尝君对冯感慨:君为我买的义我今天看到了。

【案例品鉴】 一个大学生被分配到一家出版公司做编辑,领导常派他到发行部、业务部帮忙。他像个劳力工,包书、送书、跑印刷厂、邮寄书……有人为他打抱不平,他却总是报之以一笑。后来,他自己开办了出版公司,兼并了原来的公司,许多同事和领导都成了他的属下。

弗兰克·盖恩说:"只有看到别人看不见的事物的人,才能做到别人做不到的事情。"

用眼睛与用心灵看世界,一定是两幅不同的画面。

白昼是一只眼睛,黑夜是另一只眼睛。白昼在事物表面晃动,黑夜在事物的深处歌唱。

一只穿越时间与季节而看到更远处的田鼠,在秋天收藏了食物后,又收集了许多阳光和色彩。当冬天来临,它拿出阳光暖照洞穴,用红花绿叶装点屋子,招来一片羡慕的目光。

20世纪50年代,美国兰德公司经过超前和科学分析得出结论:中国将出兵朝鲜。这一专利卖了500万美元。

【提示】 前瞻不可脱离一定基础,所谓瞻前顾后,进退有余。这个"顾后",就是要留有余地。

在梦想与现实之间加一个梯子就可以实现连通,这个梯子就是"备份"。

备份,亦可称之为预案。有备份,就会占据主动,从容不迫。现在,许多国家和城市一旦遇到什么突发情况,就会迅速启动紧急预案。

狡兔三窟。有备无患。手中有粮,心中不慌。所谓来者不善,即因其有备而来。留得青山在,何愁没柴烧。

临时抱佛脚，临渴掘井，一定会陷入措手不及的窘境。

《红楼梦》说："身后有余忘缩手，眼前无路想回头。"

俗话说："教会徒弟饿死师傅。"所以师傅往往教到关键之处，就会戛然打住，留下一手，以备后用。

查提尔：当你只有一个想法时，这个想法是再危险不过了。

不可把鸡蛋放在一只篮子里，并且不管放几个地方，一定都要看护好，以免发出"谁动了我的奶酪"的尖叫。

成功总是为有准备的人准备的。

一个模特队演出在即，而一号模特却撂了挑子。众人慌乱的目光聚焦于老板，老板却镇静地宣布如期演出，一号缺位将有新的一号补替。结果新"一号"表现得更为出色，引来一片喝彩声。原是新一号不是别人，正是老板的夫人。

【案例品鉴】 青岛的金王蜡烛企业，产品主要出口。其与美国沃尔玛谈判说，我供货给你可以，但有一个前提，每年供货不超过年产量的 25%。否则，免谈。"金王"深知，对一个用户、一个市场依赖度越高，自己的风险就越大。后来，"金王"产品遍及 115 个国家和地区。在欧美，平均每 4 个家庭中就有 1 家使用金王的其中一款产品。金王作为中国第一时尚消费品一跃而进入世界同行的前五名。

三支箭：唐灭亡后，五代更迭。有一个叫李存勖的，曾经是一个英雄，但旋生旋灭，为后人感叹。清朝诗人严遂有诗《三垂冈》赞他道：英雄立马起沙陀……萧瑟三垂冈下路，至今人唱百年歌。

李存勖是李克用的长子，略通文史，是战场上的一员猛将，平时爱好音声、歌舞、俳优之戏，这为他后来的覆亡埋下了伏笔。李克用病死后，李存勖继承了晋王位。李克用死前，曾交给李存勖三支箭，嘱咐他完成三件大事：一为消灭切齿仇雠梁主朱全忠；二为攻灭反复小人燕王刘仁恭；三为打击背信弃义的契丹主耶律阿保机。李存勖将三支箭供奉在家庙里，卧薪尝胆，厉兵秣马，发誓雪耻。他每次出征就派人把箭拿出来，放在精制的丝套里，带着上战场，打了胜仗，又送回家庙供奉，表示不忘父亲的临终遗言。

公元 911 年，李存勖在高邑与后梁决战。他气势如虹，击败了朱全忠亲自统帅的五十万大军。公元 913 年，后晋军队攻破了号称拥甲三十万的幽州，用白绢将刘仁恭、刘守光父子绑回晋阳，献俘于家庙，处斩了自称燕国皇帝的刘守光，又将刘仁恭押到代州，处死在李克用墓前。四年后，李存

勖率领以步兵为主力的十万晋军,听从了郭崇韬的意见,挥
师北进与契丹军队交锋,大破号称三十万的契丹骑兵。此
后,李存勖又亲率骑兵在定州再次大败契丹兵,将耶律阿保
机赶回北方。公元923年他又攻灭后梁,统一了北方。至此,
经过十多年的征战,他基本上完成了父亲的遗命,于是他在
魏州称帝,定国号为唐,不久迁都洛阳,年号"同光",史称后
唐。

锦囊妙计:周瑜、曹仁厮杀之际,刘备乘虚袭取了南郡、
荆州、襄阳。周瑜十分气愤,此时正值刘备丧偶,周瑜计上心
来,想以招亲之计,借此来囚禁刘备以索讨荆州。赵云陪刘
备前往南徐同孙权之妹孙夫人成亲,临行,诸葛亮给了赵云
三个锦囊。吩咐到南徐时打开第一个;到年底时打开第二
个;危急无路时打开第三个。到了南徐,赵云遵照诸葛亮吩
咐打开第一个锦囊:大肆宣扬婚讯,结果周瑜安排的假戏成
真,周瑜心里叫苦不迭。当刘备迷恋新婚生活时,赵云打开
第二个锦囊:与刘备说曹军要报赤壁之仇,荆州危急要他赶
快回去,刘备和孙夫人借口去江边祭祖,一路向荆州方向奔
去。途中,被孙权、周瑜派出的军队拦住去路,赵云打开第三
个锦囊:刘备依计向孙夫人哭诉孙权、周瑜用美人计诱杀自

己的阴谋,夫人大怒,斥退追兵。刘备安全回到荆州,周瑜派兵追赶,被诸葛亮安排的伏兵杀得大败,周瑜赔了夫人又折兵。

许多时候,问题比答案更具力量和诗意。

谁也不知道下一张牌是红桃还是梅花,是二条还是三筒,这便构成扑克牌和麻将的魔力。世间所有神秘的魅惑,一定来自两个方向:人的渴求欲与事物的未知性。渴求欲受名利心驱使,未知性诱发好奇心滋生。

竞争要运用长尾思维,就是打破传统的"榜上有名""热门熟路"的趋向意识和观念,注重个性化,特色性,创意性,丰富性,多元性。

长尾思维是商业发展的必然产物,并反哺于商业发展。

人类已经进入个性化时代。个性化意识特别是个性化消费意识开始觉醒,群体性的统一需求开始下降。亚马逊书店和在线音乐下载网站统计数据显示,超过一半的销售量都来自排行榜上位于 13 万名开外的图书;美国最大的在线 DVD 影碟租赁商 NETFLIX 公司有 1/5 的出租量来自排行榜 3000 以外的内容;而在线音乐零售商 RHAPSODY排行榜 1 万名以外的曲目下载数量甚至超过了在排行榜前的 1 万名。

学者克里斯·安德森说,商业和文化的未来不在热门产品,不在传统需求曲线的头部,而在于过去被视为"失败者"的那些产品——即需求曲线中那条无穷长的尾巴。这一现实上升为理论,便诞生了长尾理论。

现代社会的巨大改变,特别是互联网的出现和个性化的兴起,打破了传统的消费观念。20 世纪 80 年代知名社会学家托夫勒在《第三次浪潮》预言,"不再有大规模生产,不再有大众消费,不再有大众娱乐",取而代之的是个性化生产、创造和消费。

来自印度的英德拉·努伊,是新一代百事女王,被誉为"美国商界最有权势的女人"。她认为百事可乐身上承载了太多国家战略、美国文化等企业无法承受之重。因为"所有世界级品牌传达的,从来不是什么民族自豪感。在全球一体化的市场中,没有人为你的民族自豪感买单。人们只为自己的生活品质和生活方式买单"。人类生活所面临的衣食住行琐细事务,才是商业的广阔天地。

经济学的基本理论立足点是资源稀缺,所以 19 世纪以来,二八定律一直是商业中的黄金法则。互联网经济模式决定了今后社会生产形态必然是走向丰饶，新兴长尾理论向二八定律发起了全面挑战。

长尾理论将深刻影响未来市场的供需模式，过去由传媒主导公众口味的方式不再适用。大众化的口味实际上是不对称的供需关系的产物，是市场对产品分销能力不足的回应和无奈。如今，大规模市场已经分解零碎为无数小市场。在物质丰饶的年代，商品的选择权更多掌控在消费者手中，人们的消费意识已从沉睡中醒来，个性化的时代曙光已经在全球照耀。

长尾理论对企业思维已经构成了改变，强力拉动着新一波商业势力的消长。易趣、雅虎、亚马逊、GOOGLE、阿里巴巴等新兴势力的崛起，自觉与不自觉、程度不同地都基于对长尾理论的想象。长尾理论不只影响企业的生存战略，也将左右人们的生活品位与价值判断。大众文化不再是下里巴人，小众文化也将有越来越多的拥护者。唯有充分利用长尾理论思维的人，才能在未来商业竞争中游刃有余。风景这边独好。

管理悖论：产品的性能和质量越是接近完美，越是使用寿命长久，顾客与产品间发生再次消费的可能性就越接近于零。

好产品是可激活的生命体:产品是有结构的,产品中的生活元素,构成了产品的结构。产品的个性化包括开放性(指构成产品的生活要素之间,留出足够广阔的"顾客空间",允许顾客自由选择和搭配。一个完整的产品,甚至不是由企业单方面独立完成的,而是由企业与顾客共同参与完成的。如某顾客登录耐克网站,只需轻点鼠标挑选一系列"制鞋零件"——包括粉红底色、减震装置、鞋帮网纹、亮黄色衬里、钩形标志等,便很快就会收到一双自己设计的运动鞋。中国古老的游戏"七巧板",即具有开放的系统。简单的七块纸板,每一次拼图,都是不同和新鲜的、有趣的)。互动性(具有足够丰富的想象空间,允许顾客之间进行再次创造)。

竞争,必须学会运用数字思维。

人类已进入数字化和大数据、云计算时代。信息代码,牡丹卡号,数码相机,数字电视……数字化已成为我们成长和迈向未来的通行证。

人类新空间:无限宽带,无限数据。

宇宙是一架最精密的仪器,严格按照数据化结构而成。

博弈思维

数字是宇宙最基本的语言，也是人类最普遍而不用翻译的语言。

数字是人类了解地球,认识大自然的钥匙。

是数字泄漏了事物的秘密。

数字从来不会撒谎,除非有人将它涂改。

数字比形容词更有力。

数字让事物的面孔由模糊变得清晰，甚至让历史脱去沉重的古装,变得亲近并不再抽象。

中国古代智慧:法于阴阳,和于术数。

美国麻省理工学院教授尼葛洛庞帝的《数字化生存》一书开宗明义：计算不再只和计算机有关,它决定我们的生存。

与世界接轨，就必须让自己的车驶入数字化的高速公路。

毕达哥拉斯:"万物都是数。"黄金分割比例的创见,即源自公元前 5 世纪古希腊的毕达哥拉斯:有一天,毕达哥拉斯经过铁匠铺前,觉得铁匠打铁的声音非常悦耳,便驻足倾听。又发现铁匠打铁节奏很有规律,这个声音的比例遂被毕达哥拉斯用数理的方式表达出来。

黄金分割比又称黄金律、"神圣分割""金法",指事物各部分之间的数学比例关系,即将整体一分为二,较大部分与较小部分之比等于整体与较大部分之比,其比值约为1:0.618(长段为全段的0.618)。分割点(0.618)被公认为最具有审美意义的比例数字,也是最能引起人的美感的比例,因而被称为黄金分割点。黄金律魅力神奇,光芒四射,照耀着绘画、雕塑、音乐、建筑等艺术领域,以及管理、工程设计诸多方面。

关于数字化的朴素解释:一对夫妻,大脑里储存了数百个笑话,并且编了号,彼此心领神会,说出几个数字,就会唤醒他们对整个故事的记忆。

中国人不善数字精确,喜欢模糊,三分统计,七分估计;笼统,大概,可能,差不多,充斥于生活之中。

数字的迟钝,反映我们对信息时代的不敏感。

万物皆可量化。如天气预报,钟表时间,人气指数,智慧指数,情感指数……

数字诗:枯燥的数字亦可诗意化,称"数字诗",为嵌名诗的一种:

"两个黄鹂鸣翠柳,一行白鹭上青天";

"三万里河东入海,五千仞岳上摩天";

"孤臣霜发三千丈";

"六朝如梦鸟空啼";

"一封朝奏九重天,夕贬潮阳路八千";

"两人对酌山花开,一杯一杯复一杯";

"一去二三里,烟村四五家;亭台六七座,八九十枝花";

"七八个星天外,两三点雨山前。旧时茅店社林边,路转溪桥忽见";

"故国三千里,深宫二十年。一声何满子,双泪落君前";

"一声梧叶一声秋,一点芭蕉一点愁,三更归梦三更后";

"百尺楼台万丈溪,云书八九寄辽西。忽闻二月双飞雁,最恨三更一唱鸡";

"五六归期空望断,七千离恨竟未齐。半生四顾孤鸿影,十载悲随杜鹃啼"。

明朝布衣才子徐文长,踏雪孤山,见放鹤亭内一群秀才正借酒赏梅,意欲参与。众秀才便道此乃诗人聚会,不会诗者免入。徐文长遂作起咏雪诗来:"一片两片三四片,五片六片七八片,九片十片十一片",前三句念罢,众秀才笑骂成"一片"了,正是"明月别枝惊鹊,清风半夜鸣蝉。稻花香里说丰年,听取蛙声一片"。徐文长不动声色,清一清嗓子吟出第四句"飞入梅花都不见",秀才们闻之大惊失色。

15 底线思维

体育运动场地两端,都有端线,亦即底线。足球、网球、篮球、羽毛球,都只能限制在各自划定的底线范围内竞技。由此引申的底线思维,是一种科学思维方法。《礼记·中庸》:"凡事预则立,不预则废"作为一种战略思维,"底线思维"要求在谋篇布局、制定战略规划时,必须把底线放到总体战略的全局中去思考,认真计算风险,多角度、系统地审视事物,争取实现最大期望值。

没有规矩,不成方圆。明白"底线"在哪里,就会知道未来在哪里。

底线便是不可触碰和逾越的红线。做人做事,一要有底线,二要有原则,三要有分寸。办事须讲程序,做人要有原则。

过犹不及。设零为底线,那么零之上为正数,零以下则为负数。真理如果再往前迈一步,越过底线,就会变为谬误。橘生淮南为橘,到淮北则为枳。

博弈思维

以原则为中心，以道德做底线，是成为有性格的人的关键。

柏拉图：人的价值，在遭受诱惑的一瞬间被决定。

一个人缺乏个性和底线，极有可能来自原则的缺失。

司马光《训俭示康》：吾本寒家，世以清白相承。吾性不喜华靡。平生衣取蔽寒，食取充饥……众人皆以奢靡为荣，吾心独以俭素为美。古人以俭为美德，今人乃以俭相诟病……俭，德之共也，侈，恶之大也。俭则寡欲，寡欲可以直道而行；奢则多欲，多欲则居官必贿，居乡必盗。

哈佛校训：与柏拉图同在，与亚里士多德同在，与真理同在。

底线有时涉及目标、标准、意志、界限、限度、距离、分寸、尺度等义。

亚里士多德：我爱我师（柏拉图），但我更爱真理。

原则、底线和尊严也是力量，而且是力量的力量。

"知其雄守其雌，知其阴守其阳"。原则即是信念，"幸然不识桃并柳，却被梅花累十年"。

心中有一把底线的尺子，做事才能有分寸地把握。

科尔顿：人生中只有一种至高无上的追求——这就是

对责任的追求。

魔鬼在分寸。分寸间见智慧。

即使善良,也应该有一条原则底线。否则,放弃原则底线的善良,就会走向愿望的反面。

底线的天敌是诱惑。诱惑是一种毒素,有让人慢慢中毒的魔力。

而一个人如果对金钱不看重,那么他心中一定装着比金钱更重要的东西。

人们把眼睛比作心灵的窗户,一双明彻豁亮的眼睛,心胸一定浩然坦荡。

卡莱尔:"神情和目光可以读出一种境界。"

上善若水,水滴石穿;水可以载舟也可以覆舟;真水无香;水利万物而不争……这些都是就水的"善"而言。然而,水也有为人所不愿看到的忽略原则的一面,比如水的"不争","随方就圆",于是民间就有"水性杨花"的贬义语词。

权力和金钱具有天然的诱惑性和腐蚀性。学会拒绝,敢于和善于说"不",不仅需要勇气,需要智慧,更需要底线的警戒。

香饵之下必有悬鱼,重赏之下必有勇夫。便有人这样注释:女人忠贞,因为诱惑的程度不够;男人忠诚,因为背叛的砝码太轻。不,你听重庆歌乐山渣滓洞馆长的话外音:所有被关押的女囚犯中,没有一个投敌变节。

菊花不艳羡玫瑰而坚持开在秋天;梅花不追逐春风而怒放在寒冬;梨花坚守自己的纯洁绽放如雪的情操;紫罗兰喜欢超越展现色彩的高贵。麻雀不因寒冷放弃北方,莲花不因污泥凋谢灿烂。

【案例品鉴】 吴佩孚,亮相美国《时代》杂志周刊封面(1924年9月8日)的首位中国人。虽为军阀首领,却多读圣贤之书,人称儒帅。善书画:"林塘多秀色,山水有清音",墨浓笔重,秀而刚健;《竹子图》枝如出鞘之剑,叶若响弓之箭。《满江红·登蓬莱阁》:"何日奉命提锐旅,一战恢复旧山河。却归来,永作蓬山游,念弥陀!"其一生恪守四不原则:1.不纳妾;2.不积金钱;3.不留洋;4.不走租界。

【案例品鉴】 有一对姐妹,姐姐是一名小学老师,对官场抱有冷淡态度;妹妹是一位机关干部,对官场颇为陶醉。两人因道不同不相谋,而渐渐疏远。后来,官场得意的妹妹因腐败服刑,姐姐看望她时说,"做人就要做个好人,做官就要做一个清官,劝你多次,你就是不听"。再后来,妹妹狱中表现好,提前释放。走出高墙听到的第一个令她无法相信的消息是:由于敬业和成绩突出,从教师升为校长、教育局局长、文教副市长的姐姐,前不久却因涉嫌腐败被双规了。

底线系价值观的折射。对价值和人生的审视判定,是底线的内涵。

底线的坚持,一定与价值观的鲜明有关。而原则和底线的丧失,往往源于价值观的错位与失衡。

价值观异同,决定物以群分,人以类聚。

价值观深刻地影响着一个人的生活态度,有时甚至决定一个人的人生道路和方向。价值观一经形成,改变起来十分不容易。

子贡一次请教孔子:一人在乡里,好人喜欢他,坏人也喜欢他,那么这人不错吧?孔子回答:不对。不错的应该是好人喜欢,而坏人讨厌的人。

唐朝诗人张籍才学过人,有地方官节度使李师道欲聘其为官,张籍以一首《节妇吟》予以婉拒,拒得含蓄而有力:君知妾有夫,赠妾双明珠。感君缠绵意,系在红罗襦。妾家高楼连苑起,良人执戟明光里。知君用心如日月,事夫誓拟同生死。还君明珠双泪垂,恨不相逢未嫁时。

博弈思维

南朝著名医药家、文学家陶弘景，为官时"虽在朱门，闭影不交外物，唯以披阅为务"。后索性隐居深山，修身奉道，时人谓之"山中宰相"。后来梁武帝萧衍亲自来到山中，欲请其重归朝廷。陶弘景便信手画了一幅《二牛图》以明心志：一牛立于水草之间，神态安闲，怡然自得；一牛饰华贵的金笼头，前有缰绳，后有鞭影。后来齐高帝萧道成不解陶弘景此举，诏问：山中有何物，能比宫廷优？陶弘景赋诗以答：山中何所有，岭上多白云。只可自怡悦，不堪持寄君。

元代画梅大家王冕自题："吾家洗砚池头树，朵朵花开淡墨痕。不要人夸好颜色，只留清气满乾坤。"

明镜可以鉴形，宝钗可以耀首。价值就兼有明镜与宝钗的功能。

曼狄罗《世界上最伟大的推销员》说：今天，我要加倍珍惜自己的价值。

【案例品鉴】 一个职员完成分内工作之后潇洒而去，竟年终受奖；另一个见活就做，不分分内分外，结果自讨无趣。前者职责界限明确，而后者却模糊不清。

【案例品鉴】 会一门外语的鹦鹉售500元，会两门外语的1000元，而一门外语都不会的竟售价2000元，因为它是老板,是管理两个鹦鹉的鹦鹉。

沈括《梦溪笔谈》有载:一李学士藏一晋人墨迹,被人借去窃摹一本献给文潞公。一次潞公会客,拿出书画炫耀,李学士见了为之一惊:吾家物何为在此?遂急令人去家取来真品,并说明原委。然而,满堂坐客皆强说潞公书画是真迹,李学士者为摹本。李学士长叹:彼众我寡,岂复可伸?今日方知身孤寒。

【案例品鉴】 一墙隔着两户人家,东邻富裕,由于朝夕为生意所忙,找不到快乐的时间;西邻虽穷,夫妻俩却乐得逍遥,成天说说笑笑。一天,东邻将一袋银子越墙扔到西邻,西邻的笑声从此熄灭飘散。

"泰坦尼克号"面临沉没,2000人中仅700人可坐救生艇逃生。"妇女与小孩优先",便是一种文化价值观。当轮船沉没时,仍有几位乐师坚持拉琴,心境平和,视死如归,演奏着人性的庄严和神圣,安抚着人们的紧张心理,消减着弥漫的恐惧气氛,叫人为之动容。

任何一种事物,比如权力,地位,甚至金钱,其本身并无重要与否之别,属零价值。你若不在乎它,它就像路边春绿秋黄的花草树木自然。

博弈思维

人们对一件事物发生争议论辩，并不在事物本身，而在于人们对事物的认识、看法。一块石头就是一块石头，早晨是，傍晚是，没有什么变化。但在不同人的眼睛里，就会呈现千姿百态的变身。

金钱无罪，错在贪钱之心。世界上80%的喜剧与金钱无关，80%的悲剧却是因为金钱。人不会把金钱带进坟墓，但金钱常常把人带进坟墓。

真善美，是做人的基本品德与追求，也是人生价值的最高定位。

康熙皇帝溢美其老师陈廷敬：清如秋菊何妨瘦，廉如梅花不畏寒。春归乔木浓荫茂，秋到黄花晚节香。

在哪里看到一副对联："传家有道唯存厚，处世无奇但率真。"

任何诚实的劳动和付出，都会带给你明亮的尊严。

劳动生出的汗水，比黄金更有价值。人最美的动作是什么？就是擦汗水的手势。

金克拉的母亲语录："谁正确并不重要，重要的是什么正确；不能容忍一些事情的人会什么事情都做不好；如果一个人隐瞒错误，他可能将继续做错事。"

　　冯友兰将人生境界划分为四个层级：自然、功利、道德、天地。道德，社会意识形态之一，是人们共同生活及其行为的准则和规范。《后汉书·种岱传》：臣闻仁义兴则道德昌，道德昌则政化明，政化明而万姓宁。

　　老子《道德经》，华夏万经之王。其文约义丰，玄奥无极。"道生之，德畜之，物形之，势成之。是以万物莫不尊道而贵德。道之尊，德之贵，夫莫之命而常自然。故道生之，德畜之。长之育之，亭之毒之，养之覆之。生而不有，为而不恃，长而不宰，是谓玄德。""修之于身，其德乃真；修之于家，其德乃余；修之于乡，其德乃长；修之于邦，其德乃丰；修之于天下，其德乃普。故以身观身，以家观家，以乡观乡，以邦观邦，以天下观天下。吾何以知天下然哉？以此。""道可道，非常道。名可名，非常名。""人法地，地法天，天法道，道法自然"，"致虚极，守静笃"，"知其白，守其黑"……这些思想若星汉灿烂，五千年光华弥新。

　　道德对于一个人，就像木桶底部那块圆板之于木桶的意义。

　　道德思维启示我们，必须明确做任何事情都不可忽视事情自身隐形的底线，都要遵循一种约定俗成的潜规则。这底线,这潜规则,就是道德,包括伦理。

道德是一种历史传承下来集体记忆,是一种无形的约束力量,是无须诉诸文字的法中之法,具有浓重的民族色彩。如果违背约定俗成的规则,合法但不合理,就会触犯众怒,引起公愤,受到道德的谴责,当事者将为此付出沉重的代价。

但丁借尤利西斯之口说:人类"生来不是为了像兽一般生活,而是为了追求美德和知识"。

亚里士多德:"遵照道德准则生活就是幸福的生活。"

善厚天赐福,德高地养人。

深水不动流无声,到底托得大船行。

苏格拉底:"哲学家告诉我们,'为善至乐'的乐,乃是从道德中产生出来的"。"为理想而奋斗的人,必能获得这种快乐,因为理想的本质就含有道德的价值"。

【案例品鉴】 有人说:"康德的一生就像是一个最规则的动词。"叔本华说,任何人在哲学上如果还未了解康德,就只不过是一个孩子。而歌德说:"当你读完一页康德的著作,你就会有一种仿佛跨入明亮的厅堂的感觉。"康德在《实践理性批判》中,提出了道德不是以符合个人或他人的幸福为准则的,而是绝对的,即人心中存在一种永恒不变,普遍适用的道德律。道德是"绝对命令",是"应当如此"。道德应该符合正义而不是个人幸福,惟有德之人最终能够得到最大的幸福。

康德:"美,是道德上的善的象征",而"良心是一种根据道德准则来判断自己的本能"。"在这个世界上,有两样东西值得我们仰望终生:一是我们头顶上璀璨的星空,二是人们心中高尚的道德律"。后一句被誉为人类思想史上最气势磅礴的名言之一,人们还把它刻在康德的墓碑上。

康德是一个没有传奇故事的传奇人物,他一生都没有出过远门,于是海涅说:"康德的生平履历很难描写,因为他既没有生活过,也没有经历什么。"然而康德的思考范围却横跨宇宙,正是在每天一成不变的散步中,怒放出一朵又一朵思想的火花。

人生讲圆润,事业修德行。小胜凭智,大胜靠德。

林散之故居有对联:"雄笔映千古,巨川非一源。"大海之所以容纳百川千溪,就因为它把自己安放得很低很低。

道德与人性密切相连,道德是原则的一个重要部分。恪守道德就是对人性的一种尊重,就是对原则的一种坚守。

博弈思维

《善恶之间》说：积德虽无人见，行善自有天知。人为善，福虽未至，祸已远离；人为恶，祸虽未至，福已远离。行善之人，如春园之草，不见其长，日有所增；作恶之人，如磨刀之石，不见其损，日有所亏。福祸无门总在心，作恶之可怕，不在被人发现，而在于自己知道；行善之可嘉，不在别人夸奖，而在于自己安详。

土地不被污染，麦穗就能找回最初的芬芳；河流不被污染，花朵就能开出原真的色彩；蓝天不被污染，云朵的牙齿就会复原洁白，人的灵魂不被污染，世界的脸就会擦出曾经的明亮和美丽。

海明威谈到写作经验时说："我总是根据冰山的原理去写作。"冰山在大海中显得那样庄严宏伟，因为它只有八分之一露出水面。

道德是滋养人性的阳光，离开道德的导引，人性就没有了方向感。

皇天无亲，唯德是辅；大地无言，因根而哺。

有德有才是精品，有德无才为次品，无德无才属废品，无德有才乃毒品。

人类最成功第一桶金的经济模式是教堂——不偷懒不

撒谎＋市场经济。

《吕氏春秋》揭示:经济发展须放任自由,并清净守法。

一位企业家向谈生意的对方说,很抱歉,我没有带名片,但我带来了诚信,诚信是我们的名片,微笑是我们的商标。

有两兄弟同在法国军队效力,其中弟弟在战斗中被德军打死,哥哥向指挥官请求去找弟弟。指挥官说,即使你冒死找到,可他已死,毫无结果。哥哥说:不,我一定要找到他,这是彼此的承诺。找到他,他就看到了我,我是说他的灵魂。

一学生对申请博客没有兴趣,老师说:那好,这是自愿的,我尊重你。后来看到该学生写了申请,老师便问他,为什么又写了申请呢? 学生回答说:因为你尊重我,所以我也尊重你。

伦理道德既有传统的一面,也有与时俱进的一面,传统道德只有不断添增新的积极的内容,才会拥有旺盛的生命力,成为活的道德。

人生运行曲线画图:第一,为己着想(自私,本能的要求);第二,为人着想(超越自己,理性的胜利);第三,回归到为自己着想。返回自身,只为自己心灵坦然,不计他人做何反应。正是苏东坡《和子由渑池怀旧》诗中境界："人生到处知何似，应是飞鸿踏雪泥；泥上偶然留指爪，飞鸿哪复计东西"。

诚信是文明社会的基石。道德要靠信用和信誉保障。信用在成熟的商业社会，是财富的一种表征和显示，是一种商业资格和商业绿卡。财富不是信用的唯一凭证，但信用一定包含财富或获得。信誉在日常生活中，是一个人道德品行的直观和视觉考察，是一个人的名片。丢失了信誉，无异于丢失了一个人的身份证。

富兰克林："如果失足，你可以站起来，但如果失信，你将会失去很多。"

金钱即使可以改写社会传播的舆论，但也绝对不会改写事实。事实一旦形成，就覆水难收，成了永远而无法更改的历史，因此，处事一定要慎之又慎，要对事实怀一份敬畏之情。做人要堂堂正正，顶天立地，万万不可作伪造假，善恶真假一切皆有回报，即使说假话也是要付代价的。

民间有话说，先做人再做事。其实做企业就是做人做事，道理相同相通。人无信不立，企业无品牌不名。

什么是品牌？品牌不是广告而是口碑，是日积月累长期坚持的结果。因此要像鸟儿爱护自己的羽毛，爱护自己的名称与声誉。

道德对于信用和信誉很重要，但仅靠道德不能完成信用和信誉大厦的建造。市场不全部相信道德，而一定高度关注能力。

信用的光芒，来自道德和能力的相加。一个穷人被拒绝在银行门外，并非银行否认穷人的道德，而是怀疑他的偿还能力。因此，一个有道德的人，要想在商业社会取得信用，必须在能力上下功夫，用实力说话，实力本身，就是一种强有力的语言。

比尔·盖茨："人生是一次盛大的赴约，对于一个人来说，一生中最重要的事情，莫过于信守由人类积累起来的理智所提出的至高无上的诺言。"

英国萨克雷说："每个人的脸上都写着一个标志着信誉的字母。"

真诚和真实，是信用与信誉的姐妹。人与人的差异包括人的外形与个性，都是造化的结果，都是造物主的艺术。就像天上的星星，有大有小，有方有圆。就像同一株树的绿叶，你有奇姿，我有妙态。天地间从古到今，没有两片相同的绿叶,没有两颗相同的星星,没有两张相同的人的面孔,甚至没有两只指纹相同的手。主啊,神奇的造物主啊!

但是,不管怎样差异,每个人都必须真诚,都可以做到真诚,就像星星放出的光芒,就像绿叶燃烧的春色。失去真诚,一个人和他的世界就会暗淡下来,就像星星坠落的夜空,就像绿叶枯黄的季节。

重量:其实,话一落地,我就知道我说错了。其实,我说的对与错,于你并不重要,更不会影响路边树叶的生长与飘落,草坪里花儿的开放与凋谢。

其实,那句话对我也不重要。重要的是,我要对我说话的态度与精神负责。

其实,为了那句话,我付出了很多。其实,对于我的付出你压根就不会在意,就像不会在意路边树叶的生长与飘落,草坪里花儿的开放与凋谢。

但我很欣慰,就像一朵花完成了与春天的相约。毕竟,我捍卫了我说出的话语。一句话,一声语,都是我内心必须守护的一份庄严和神圣!

【警示】 什么叫市场?市场就是交换。什么叫生意?生意就是买卖。没有买卖就没有伤害,在社会转型期,在历史拐弯处,多少人顿失方向,不知何处是北。迷惘困惑晕眩疯狂……卖灵魂,卖道德,卖权力……能卖的都拿了出来。来不及思考与判断,面对金钱的妖媚而笑,理性的花朵纷然凋残。不,一切都要承担代价,一切都会回报。做事守住原则,做人守住良心,这是最后的坚持。

16　借力思维

好风凭借力。

善借外力之人,其力必然超群。

借花献佛。借船出海。借力造势。草船借箭。他山之石,可以攻玉。"借得山东烟水寨,来买凤城春色"。

《三十六计》:"树上开花,借局布势,力小势大。鸿渐于陆,其羽可用为仪也。"

朱熹:"昨夜江边春水生,艨艟巨舰一毛轻。想来枉费推移力,次日中流自在行。"

"不畏浮云遮望眼,只缘身在最高层"。"登高声自远,非是借秋风",纵然不借秋风,却也借了高地。

借人际关系之舟,达心中所想之岸。卡耐基:在一个人成长中,能力只占 15%,而 85%靠人际关系。

博弈思维

小仲马剧本《金钱问题》："商业，这是十分简单的事，它就是借用别人的资金。"

日本推销之神原一平，每月举行一次"原一平批评会"，集大家意见，成全自己。借众人的智慧，开辟自己事业的发展道路。

蒙牛借历史名人的效应和"昭君出塞"的史实，把产品做到了王昭君的家乡。

曾为微软中国区总裁唐骏说：做事我会先看我在哪里，然后利用好周围的资源和机会。

"今麦郎"与华龙面属一个集团，原来产品销售不畅，后针对国人"远来和尚会念经"的心理，换一个听起来像外国产品的名字，结果销售兴旺。

扬州瘦西湖搭杭州西湖之车而出名；"思念"集团将"汤圆"与《凌汤圆》电视剧的热播捆在一起，借《思念》一曲歌唱者毛阿敏做广告，"三全大门永远对《思念》没有秘密"，使企业一举振兴。

霍金科学名著《果壳中的宇宙》，源自莎士比亚《哈姆雷特》台词："我即使被关在果壳之中，仍自以为无限空间之王。"

同样是卖比萨饼,达美乐却敢与王牌必胜客叫板。必胜客专门做堂吃,达美乐做外卖;你选择人流多,繁华地,我安营于写字楼,居民密集区。泾渭分明,却又形成互补。以必胜客为竞争对手,效果上等于借了必胜客的力和势。

【案例品鉴】 借"偷"得利:德国戈尔德曼出版社旗下一个书店,每年丢失一笔不小数目的图书。一天,出版社负责人巡视这个书店,看到丢失图书登记簿上被偷书目,突地闪过一束灵感之光:被偷次数最多的图书,一定是读者最青睐的书,也必然会成为最畅销的书。于是在每年一度的世界性书展上,戈尔德曼出版社推出"被偷窃次数最多的十大德文书籍"名单,这一名单吸引了大量书商的眼球,戈尔德曼出版社成为书展上最大的赢家。

【案例品鉴】 1987 年,美国两个邮递员科尔曼和施洛特见一个小孩玩一种发亮的荧光棒,出于好奇心,两人也买了一支,又把棒棒糖放在荧光棒的顶端。奇幻出现了,荧光棒光线穿过半透明的糖果,营造出一种美妙如梦的效果。两人惊喜之余,申请了发光棒棒糖专利,并把专利卖给了开普糖果公司。继而他们又为发光棒棒糖添加一个由电池驱动的小马达,制造成旋转的棒棒糖,获得市场热烈追捧。

奇迹在继续和延伸。开普公司负责人奥舍在调研市场时发现,一只电动牙刷售价高达 50 美元,遂灵机一动,与科尔曼和施洛特进行技术移植,诞生了最畅销且只有 5 美元的旋转牙刷。这一事件引起宝洁公司高度重视,最终宝洁公司不惜重金购买了这一旋转电动牙刷技术。

【案例品鉴】 2005 年 6 月,美国费城白狗餐饮公司被《福布斯》列为全美最成功的家庭妇女企业典范。创始人朱迪·维克斯从经营小咖啡馆开始,最终掀起了一场家庭文化餐馆革命。"白狗公寓"的主人,是世界著名的学者、教育家和唯心论者,这一名人效应,在人们心中具有巨大而潜在的商业价值,朱迪借此开设白狗咖啡馆,等于只是安装了一个价值"转化器"。

杂货店老板见一小孩可爱,便打开一个糖罐让她抓一把糖带回去。小孩几次推让,老板只好亲自抓了一大把,塞到孩子口袋。回到家,妈妈问她为什么不自己抓,小孩说,老板的手大,他抓的糖一定比我抓得多。

【案例赏鉴】 考题之一:要求在一颗孔内有九道弯的"九曲明珠"里穿过一根丝线。有人捉来一只蚂蚁,将丝线轻轻系在蚂蚁腿上,并在空的另一端口抹上一些蜜糖。

考题之二：有 100 匹大马与 100 匹小马，如何使它们"母子相识"？有人将小马关起来饿了一天，放开后，小马立即分别找到自己的母亲吃起奶来。

考题之三：如何分辨"蠢"字下面的两只虫子哪只是雌？哪只为雄？答一：雌的旁边是雄，雄的旁边是雌。答二：左为雄，右为雌。根据？男左女右。

佛陀问弟子：一拳之石扔在河里，会不会沉没？弟子一试，沉了。后将一块三尺见方的石头，放在船上渡江而过却始终不沉。这块石头有善缘，善缘就是船，而智慧就是巧借。船借水之力，无腿走天涯。石头借船力，轻松达彼岸。

商界领域里加盟品牌、与名企联营合作，都是借力借势之举。

寻找帮助你成功的人做朋友与伙伴；把注意力着力点放在有影响力的人那里。

近朱者赤，近墨者黑。与英雄为伍方有可能跨入英雄之列。与高手下棋打拳才能有长足跃进。与狼在一起，就会学会狼叫。

羽毛颜色相同的鸟总是一起飞翔。

收入定理：一个人的财富在很大程度上与其关系最亲

密的朋友有关。游戏:在一张纸上,写下与你相处时间最长、关系最为密切的 5 个人的月收入,其平均数便是你的月收入数。

善借别人的力量,可以延长、延伸、嫁接、放大自己的才干和智慧。

左宗棠对胡雪岩说:我再跟你讲讲办大事的秘诀。有句成语叫与其待时,不如乘势。许多看起来难办的事,居然顺顺利利地办成了,就因为他懂得乘势的缘故。

一男孩想移动一块石头,但使尽浑身力气也没有搬动,最后沮丧地一屁股跌坐在那里哭了起来。其父在房间的窗帘后面目睹了这一过程,便走出来说:孩子,你为什么不把所有力量全都用上呢?不,爸爸,我已经用尽了全身的力气。没有,你没有。说着,父亲弯腰把石头搬起来,移到了需要的地方。

不要把一个人的力量,仅仅局限在自身,那些外部的、周边的力量也可以汲取和借助。

【雅文品赏】 荀况《劝学篇》:吾尝终日而思矣,不如须臾之所学也;吾尝跂而望矣,不如登高之博见也。登高而招,臂非加长也,而见者远;顺风而呼,声非加疾也,而闻者彰。

假舆马者,非利足也,而致千里;假舟楫者,非能水也,而绝江河。君子生非异也,善假于物也。

要善于借助书本的力量。世界上有两本书:文字之书和生活之书。智则慧。"智"作何解? 每日读书获得新知。

警察抓住一个骗子,打开其密码箱,发现里面装的不是钱而是许多本书。

诗书焚后今犹在,到底阿房不耐烧。

要善于借专家之力。政治家常借智囊团"外脑"来运筹帷幄;企业家常借经济学家出谋划策。

借力借势,还可以向失败讨债。失败也是资源,不能让失败占了便宜溜之大吉。尼采说,成功的最大好处,莫过于解除了成功者对失败的恐惧感。"我为何不能失败一次呢?"他自言自语,"我现在已有足够的本钱了"。

17　时间思维

时间,哲学范畴,既是客观事物存在的基础,又是客观物质运动的方式;是人对物理世界虚拟计量,是思维对物质运动过程的分割、划分。

人们对时间的理解和认知正像对宇宙一样,纷纷纭纭,

博弈思维

林林总总。

霍金《时间简史》,全球最畅销的科普著作之一;不管世界有多少个"维",但总有一个"时间维",这是一个科学家的伟大而神奇的想象。

时间是绝对的,时间从无限的过去向无限的将来流逝。

道本无始终,

道即始与终。

无始始为始,

有终终非终。

胡塞尔《内在时间意识现象学》,分时间为"内在的时间""客观的时间""世界的时间"。

无论怎样解读,时间是人类对一个客观存在的命名。世界上最强大而柔韧的力量不是有形的物质,而是无形的时间,时间是最大的赢家,最后的胜利者。

不到红的时候不要去摘苹果,青苹果的味道是涩的。瓜熟蒂落,让苹果由青变红的后面,是时间作用的结果,是我们无法看见的时间的那只手。

《神曲》说:"时间创造故事。"

所有的艺术,都是时间的艺术和运用时间的艺术。

完成工作的方法是爱惜每一分钟。

——达尔文

合理安排时间，就等于节约时间。

——培根

放弃时间的人，时间也放弃他。

——莎士比亚

时间是一切财富中最宝贵的财富。

——德奥弗拉斯多

没有方法能使时间为我敲已过去了的钟点。

——拜伦

时间是一个伟大的作者，它会给每个人写出完美的结局来。

——卓别林

时间最不偏私，给任何人都是二十四小时；时间也最偏私，给任何人都不是二十四小时。

——赫胥黎

忘掉今天的人将被明天忘掉。

——歌德

在所有的批评中，最伟大、最正确、最天才的是时间。

——别林斯基

时间是我的财产,我的田亩是时间。

——歌德

从不浪费时间的人,没有工夫抱怨时间不够。

——杰弗逊

你热爱生命吗?那么别浪费时间,因为时间是组成生命的材料。

——富兰克林

把活着的每一天看作生命的最后一天。

——海伦·凯勒

悉尼大学校训:繁星纵变,智慧永恒。

你是怎样管理时间的?怎样管理企业的?哈佛和剑桥大学的教授好奇地问万科董事长王石。"从 60 岁到 70 岁,我给自己的定位是做老师""70 岁的时候再登高峰……"这是王石"时间表"的一页。

时间都去哪儿了?一首歌曲唱出许多人的心声,引发强烈而缱绻的共鸣。

"时间总是把历史变成童话。"

"古人今人如流水,相皆共看此明月。"

多伟大的天才,也总是被一条隐形的脐带牵着,那就是无法摆脱和割断的历史文脉。多神奇的创造,也只能是历史与现实条件的产物。

既然过去的就是历史,那么任何对过去的涂改就是对历史的背叛;既然历史是未来之父,那么任何对历史的尊重就是对未来的捍卫。

谁看见过时间?什么色彩?什么模样?钟表,那是时间的模拟;光阴似箭,那是比喻。时间,一种无尽的神秘。时间和空间是人类生存活动的平台,也是人类创造历史的参与者。就像一枚果实,里面混合着阳光和空气的芬芳。如果把时间比作一条无限延伸的常春藤,那么人类的大生命,人类的集体记忆,就是欧·亨利笔下那一片永不凋落的绿叶。发展的人类文明,就是千年开不败的生命之花。

浮士德对正在逝去的瞬间说:"逗留一下吧,你是那样美!"临终前又说:"黑夜似乎步步进逼,可我内心还亮着光。"这光,是时间的光,是生命的永恒之光。

爱因斯坦广义相对论论证了速度与时间的关系:当速度十分接近光速,时间就会流逝得十分缓慢,几近静止。比如驾驶飞船从地球飞往 10 光年远的某星球再返回地球,应该是 20 年以后的事情,但对你来说,却只不过用了几个小时。比如等待心上人,你会为时间很慢而焦灼,而当和心上人在一起时,却发现时间过得飞快。这就是时间的秘密,时间的奇妙,时间的魅力。

李白:"今人不见古时月,今月曾经照古人。"

张若虚:"江畔何人初见月?江月何年初照人?人生代代无穷已,江月年年望相似。不知江月待何人?但见长江送流水。"

《时间简史》:一只看不见的手,画得樱桃红了一千遍又一千遍,画得芭蕉绿了一千回又一千回。历史说那就是时间,时间说那就是历史。一个古老的故事,会在不同时间不同地点读出新意,这就是历史的魅力。

时间就是历史,就是现实,更是青春和生命。任何生命,都是一个时间片段,是从开始到结束的一段过程,或说是从亮相到谢幕的一场戏剧演出。

无论多么光鲜的角色,也只是舞台聚光灯下的过客。没有永不落幕的戏剧,没有永不谢幕的演员。

若把条件比作羽翼,那么任何事物都是特定条件孵化的产物,真理和科学概莫能外。在世界辞典里寻找永恒,犹若深入皑皑雪地寻觅金色麦穗。世界一开始便充满了条件，人世间从来没有永恒的东西。唯有超存在的存在——时间，及其释放出的改变万物的力量，才可以称之为不朽与永恒。

天上没有一颗星星叫永远，

地上没有一朵鲜花叫完美；

一切都在改变除了改变，

一切都将被遗忘除了遗忘。

从小熏陶我们的古训：白驹过隙。一寸光阴一寸金，寸金难买寸光阴。少壮不努力，老大徒伤悲。子在川上曰，逝者如斯夫⋯⋯

武则天："明朝游上苑，火急报春知。花须连夜发，莫待晓风吹。"

朱熹："少年易老学难成，一寸光阴不可轻。未觉池塘春草梦，阶前梧叶已秋声。"

毛泽东："一万年太久，只争朝夕。"

鲁迅把别人喝咖啡的时间用在工作上。

凡事皆有时效性。时间是最大的效能，最宝贵的资源，时间是生命的量度，是生命的象征。

一朵花最大的幸福和幸运，是在它最灿烂、最芬芳的时候,被世界发现与欣赏。

时间不是商品,金钱买不回历史。有时候过程更重要,有时候结果更重要。春天加夏天等于秋天,鲜花加阳光等于果实,天赋加努力等于成就。任何机会都不要放过,哪怕只有0.1的可能。

时间管理:时间象限由两个重要因素构成:重要和紧迫。家有三件事先从紧处来。紧迫但不重要的事情往前排,重要但不紧迫的往后放。

时间与效率成正比。英历史学家斯科特·帕金森:"事情增加是为了填满完成工作所剩的多余的时间……做一份工作所需要的资源,与工作本身并没有太大关系;一件事情膨胀出来的重要性和复杂性,与完成这件事情的时间成正比。"该定律提示:工效低落,恰恰是因为给了这个工作太多的时间。热情与动力,是创造力的最充分的来源。

80/20法则:80%的成就是用20%的时间完成的,而剩余的80%的时间,只创造20%的价值。

科技信息产品不是冷冰冰的东西,它必须符合新鲜、时尚、实际功能的消费潮流。追得上流行,就得靠速度。

快的人吃市场,慢的人被库存吃。心有渴望,化跑为飞。

想看到 10 年后的样子,就去观察十五六岁的孩子。

速度讲求技巧,比如赛车胜就胜在转弯处。

站在时代前沿,前瞻事态的发展。从年轻的视角出发,从现在开始,做明天希望的事情。

兵贵神速。成吉思汗快速征战的模式:士兵们前进时从不埋锅吃饭,连夜在马背上赶路,饿了就抓干粮吃,渴了就举马奶喝,然后在敌人蒙头大睡的黎明,天兵天将一般空降在营帐面前。就像西方人用闪电和"上帝的鞭子"敬称当年匈奴人的神奇。

空间距离是一种距离,时间长度是另一种距离。库存是企业经营最大成本的传统观念,应予改写。原来,库存并非产品到顾客的遥远的距离,而是产品到顾客的等待时间。这个时间才是经营成本,最大的漏洞。

飞机停在机场就是成本,而飞上天空才是效益。房地产的广告,已经用距离地铁站"多少分钟",取代了"多少米"的用语。

从产生设计理念到衣服上架,中国服装企业需要6～9个月,国际品牌可用 120 天,而西班牙的服装公司 ZARA 平均 12 天。这 12 天,保证了 ZARA 店里销售的衣服,永远是当季最流行最时尚,而价格却是那些一线品牌的几分之一。这 12 天,对 ZARA 的运营模式起着支柱性作用,奠定了它横扫全球、无可替代的底气。

张瑞敏:我们的企业现在的物流就像卖海鲜,给我们留的时间非常紧张,耽搁了黄金时间,产品就不值钱了。所以我们应该学习美国 NBA 的"空中扣篮",不能等球落地再投出,而直接从空中接过别人传过来的球顺势直接扣篮。这样才更精彩,更省力。

时间成本决定产品价格,从而使沃尔玛的商业竞争口号"天天低价"成了现实。沃尔玛建立了基于时间成本管理的强大信息和物流系统,它的配送中心具有高度现代化的机械设施,送至一处的商品 85% 都采用机械处理,保证了进货从仓库到店面不超过 48 小时。

时间,既是生产资料,也是消费资料;既是资本品(投资品),也是消费品。比如一瓶啤酒伴你在海滩消遣一下午,这一下午的时间与啤酒一样都是消费品。而你晚上加班加点,那这个晚上的时间就是资本,你用它来换取金钱。

时间是最好的见证者,最权威的说明书。一家百年老店,就包含着它的光荣、辉煌与值得信赖和尊敬的内容。

成功等于事情的质(价值)乘以时间。全世界做投资最受推崇的沃仑·巴菲特,从小学时开始,用300美元做投资,发展到400亿美元,成为世界第二大富豪。其投资方法很简单,一是选择好的公司,如可口可乐,吉列,纽约时报,保险公司。二是把股票放在那儿静静地等着。投资时间,实际上就是朝一个方向做一件有价值的事情,把时间和事情的价值重叠在一起。在事情值不变的条件下,时间越长,回报率越高。而在一定时间下,投资回报取决于你投资的对象。

弗兰兹·卡夫卡,奥地利小说家,出生犹太商人家庭,表现主义文学的先驱, 现代派文学的鼻祖和探险者,以异数的光芒照耀世界文学史。美国诗人奥登:"他与我们时代的关系最近似但丁、莎士比亚、歌德与他们时代的关系。卡夫卡总是把对时间的感受和人的境遇相联系,揭示存在的虚幻和不真实性。"

【案例品鉴】 "多年以后,奥雷连诺上校站在行刑队面前,准会想起父亲带他去参观冰块的那个下午"。哥伦比亚作家马尔克斯名著《百年孤独》,仅凭这一穿越时空,笼今天、明天、昨天于一瞬的经典开头,便赢得天下经久不息的喝彩。

博弈思维

马尔克斯的《百年孤独》写作时间不到两年,却用了十五年来构思。其第一部长篇小说《枯枝败叶》让《百年孤独》里的奥雷连诺·布恩迪亚上校第一次出场,预示了《百年孤独》的结局,并奠定了他几乎所有未来作品的主题——孤独,"拉丁美洲的孤独"。小说描述的时间只有一个小时左右,故事时间却近 30 年,故事的场景也局限于死者的居所,但故事背景却涵盖了具有典型意义的马孔多镇,甚至整个拉丁美洲。

当人们对《百年孤独》尤其是小说开头语崇拜之时,马尔克斯却说:"有个晚上,一个朋友借给我一本书,是弗兰兹·卡夫卡写的短篇小说。我回到住的公寓,开始读《变形记》,开头那一句差点让我从床上跌下来。我惊讶极了,开头那一句写道:'一天早晨醒来,发现自己躺在床上变成了一只甲壳虫。'读到这个句子的时候,我暗自寻思我不知道有人可以这么写东西。要是我知道的话,我本来老早就可以写作了。于是我立马开始写短篇小说。"

海底的火焰 / 你看不到它燃烧 / 却听得到它在歌唱 / 那月光下涛声的澎湃 // 海底的火焰 / 你听不到它歌唱 / 却看得到它在燃烧 / 那阳光下海浪的狂舞

时间构成历史,时间流动产生距离。时间管理是一门科学,恰当运用时间距离乃为艺术。时间在我们处理任何事情中都是一个重要参数。有些问题倘若时间不成熟,切勿操之过急,要学会忍耐,像狼那样富有耐性。心急吃不着热豆腐。强扭的瓜不甜,不熟的果子是青涩的。要善于借助时间之力,把时间当成亲密的朋友。当我们把矛盾拱手交给时间,往往会收到瓜熟蒂落的轻松效果。

《距离的艺术》:距离,一切都是距离的艺术,无论时间距离,空间距离,心理距离,情感距离。墙里开花墙外香;远来和尚会念经;英雄见惯也平常;仆人眼里没英雄……皆为距离作用的结果。

早春二月,“草色遥看近却无”;西方油画“远视炳然,转近转微”。郭熙《林泉高致》:“山,近看如此,远数里看又如此,远数十里看又如此。每远而异,所谓‘山形步步移’也。”苏东坡《题西林壁》:“横看成岭侧成峰,远近高低各不同。不识庐山真面目,只缘身在此山中。”

一个人与外界事物的关系,取决于彼此间的距离。每个人的世界,都是距离的产物。距离一旦变化,周围关系便随之刷新。

有限人生多风雨,无穷奥妙在距离。恰当掌控距离,是一种艺术,其艺术价值,一如哲学之度,相宜原则,"浓妆淡抹总相宜"。物质和现实是一种距离,精神和超越是另一种距离。善于调控和驾驭距离尺度,是生活中最基本最朴素的博弈。

18   简洁思维

简单,就会赢得时间。

思维简洁,是说话办事简明扼要直逼本质的前提。

只有简单,才能成大事。

大道至简。简单成就伟大。

越是真理越简单。

简洁是才能的姐妹。

天堂就是简单。

苏格拉底:我们需要得越少,就越接近神。

圣雄甘地:简单是宇宙的精髓。

尼采:他是思想家,这意味着:他善于简单地——比事物本身还要简单地——对待事物。

可以深邃,但不必繁杂。简单的深刻与深刻的简单,是一种明亮广博的境界。

机械师的经验:当机器遭遇故障,先从最简单处开始查找排除。

太极生两仪,两仪生四象,四象生八卦,八卦化万物;阿拉伯数字只 10 个,算尽人间全部数量关系;英文 26 字母,表达人类全部思想;音乐七个音阶,抒发人类丰富情感;林肯葛底斯堡讲话二百余言,百年流传;《老子》被誉为哲学的哲学,仅 5000 字;电子计算机每秒处理上百亿兆数据,原理只是数学上的二进制;原子弹的发明何其复杂,然而却可以简缩为一个公式:$W=C \cdot V^2$ (能量等于质量乘以速度的平方)。

日本企业提倡单纯直率的思想, 要求下级向上级写报告学习两个人,一个是斯大林,他命令下属用电报语言汇报情况;二是丘吉尔,二战期间,他每天把情况用寥寥数语写在信笺纸上。

美国一家报纸曾举办有奖征答活动: 在一个充气不足的热气球上,环保、核子、粮食领域的三个专家,须丢弃一人才能保存另外两人。一个小男孩寄去了正确的答案:将最胖的扔出去。

博弈思维

在这里,矛盾的焦点是重量而不是质量。司马光砸缸,亚历山大挥刀斩绳结,都是复杂问题简单处理的经典范例。为了简约,需多尝试减法思维。

《圣经》:非利士将领哥利亚的叫阵,震慑住了以色列人。就在以色列人束手无策之时,来了一个牧羊娃,他叫大卫,是来以色列军营看望他的两个哥哥的。见此情景,大卫请求出战。他玩似的甩出手里的两块石头,便将刀枪不入的哥利亚砸落击倒。——事情就这么简单。

通往广场的路不止一条,但一定有一条是最佳路线。

以"一句表面上看起来无伤大雅的寒暄",却"随之传递给读者冷彻骨髓的寒意"。"美国的契诃夫"雷蒙德·卡佛,被誉为小说界"简约主义"大师,小说家杰弗里·伍尔夫索性将卡佛及他的追随者命名为"减法者"。"简约主义"美学的"枢纽准则"是:艺术手段的极端简约,可以增强作品的艺术效果——即回到了罗伯特·勃朗宁的名言"少就是多"——即使这种节俭吝啬会威胁到其他的文艺价值,比如陈述的丰富性和精确性。

简洁的训练:善于拨开纷繁枝蔓,跳出假象迷惑,敏锐和准确地捕捉、抓取到事物特点、特征与关键,并简要地概括表述出来。比如:老子尚清,孔子尚正,释迦尚和;任何艺术,都是色彩与线条的艺术;现代企业的特点:规模化与特色化;三月风,四月雨,五月花;春绿夏红秋黄冬白。

摄影与油画日益亲近,却毕竟二者来自两个不同的方向:摄影凭借光影呈现色彩,油画运用色彩呈现光影。

炒菜最大学问是放盐,盐为君子,调协百味,当调动出各种好味道之后,它便隐于幕后。"待到山花烂漫时,她在丛中笑"。

英国伯明翰学派的领军人物斯图尔特·霍尔:"'话语转向'是近年来发生在我们社会的知识中的最重要的方向转换之一。"依其所见,话语途径或话语方法是构成主义的,事物本身并没有意义,是话语建构了意义。因为任何事物都是植根于特定的语境和历史之中的,包含了许多实践性和体制化的因素。事物的意义与其说是被语言发现的,还不如说是被话语建构起来的。伯明翰学派的另一领军人物和文化研究的奠基人雷蒙·威廉斯《关键词:文化与社会的词汇》一书做出同样表达:事物并非因存在就有意义,其意义靠象征符号的话语来揭晓。两位讲得都不错,只是仿佛忽略了一个事实:语言是心灵的发声。因此更准确地说,是人的心灵通过语言为事物建构了意义,拥有就是被拥有,是存在主义的一个经典理论。

世界上没什么东西是被动的,有作用力就会招致反作用力。庄周与蝴蝶谁梦谁的迷境,正是存在主义范畴所及。你悠悠然梦见蝴蝶,同时也意味着为蝴蝶所梦。你拥有金钱同时也被金钱所支配,你要为打理金钱而费时劳神。你拥有权力同时也要服务于权力,你要为权力负责,操持劳顿。中国有先人说,我的生命有限而知识无限,用有限的生命追逐无限的知识,是永无止境的。

生命是一段时间的变奏形式,在有限的时间里不可看见什么都往生命的篮子里捡。

要学会选择与放弃,人生就是舍得的艺术,扬弃的艺术,就是加减法的艺术。善用减法,在不同的生命时段,适时将人生重点进行调整转移。加就是减,减就是加。任何收获的后面,都有时间价值作机会成本。删繁就简三秋树,标新立异二月花。人到不惑之年,便是"三秋之树",就需要实施减法战略,换取健康快乐的增加,使生命的长度得以延伸和拓展。

一只雄鹰雕塑,之所以翩翩然有飞动之感,就是因为减去了多余的东西。原来一块石头也隐藏着飞翔的梦,飞翔的翅膀,飞翔的姿态,只是由于背了太多的重量,压抑封锁了飞动的轻盈和欲望。有人问米开朗琪罗:如此精美的雕塑,你是怎么做到的?他回答:其实雕塑一开始就已经存在于这块花岗岩中了,我只不过是把它周围的东西凿掉罢了。

一位婆罗门贵族带了两只花瓶作为礼物来看佛陀。佛陀说:放下。婆罗门贵族将左手的花瓶放下;佛陀又说:放下。婆罗门贵族将右手的花瓶也放下。佛陀还说:放下。婆罗门贵族道:我已两手空空,还要放下什么?佛陀说,你还没有放下内心的"我执",只有放下对自我感官思虑的执着,放下对外在享受的执着,你才能够从生死轮回之中解脱出来。《简·爱》:后来,树叶就变黄了,变黄的树叶一片片被风吹落了。后来天空就下起了雪,雪粘在树枝,形成了玉树琼花、银雕素刻的雪挂。后来,太阳很暖很暖地照过来,雪就融化了。再后来,树枝变得柔软起来,一芽芽新绿,孩子说:瞧,那春天的一抹微笑。

第四章　商业思维

商业时代，须有商业头脑与思维。

经济不仅是上层建筑的基础，而且是开辟社会前进道路的主要力量。我们正行走在沸腾的商业时代。商业是经济的象征，商业思维一定程度上代表了经济思维。商业思维总是渗透蔓延到社会所有领域，影响和改变政治思维、文化思维、伦理思维、道德思维以及人们的生活习惯。因此考察任何思维，都必须溯源求本，从经济角度切入。

商道乃心道，心道即佛道，秘诀全在一个字：悟。

《商品新论》：生命是一支历史进行曲，并以社会形态为背景而展开和演进其庄严宏美的旋律。当我们以自然人降生时，带了浓重的动物性。之后在现实环境中生活学习工作,便成了社会人。其间,原生态的自然性和动物性不断被删除扬弃或收敛闭关,就成长升华为文明人。当社会进入市场经济时代,我们便又多了一个响亮的称谓"商品人"。

《易·系辞下》论道:"神农氏作……日中为市,致天下之民,聚天下之货,交易而退,各得其所。"商品的意义在于交换,交换的前提是商品必须具备有用性。当商品停留在静态阶段,即尚未通过交换环节被购买者认购时,其价值归零,最多只是隐含了转化为现实价值的可能性。

实践是检验商品有无价值的标准。商品只有在被使用的流程中,才能释放出价值的光芒。商品的有用性是商品的价值和价格的前提,二者属于皮与毛的关系,"皮之不存,毛将焉附"。

如果说价格是价值的货币表现形式,那么价值是商品有用性实现之后市场的认定与结论。比如一只灯泡,虽然它隐含着可能的照明性,但只有被购买者插到电源上发出光亮时,可能的照明性才会显现为灿烂的真实性。

2008年8月,"汇源果汁"以24亿美元的价格被可口可乐公司收购。当有人为这个民族品牌低价位出售而扼腕时,朱新礼却明确认为,"汇源果汁"品牌,你可以估价一个亿,一百个亿，但只有买卖双方成交了，它的真正价值才一锤定音，得以实现。

2008 年国内煤炭价格一度飙升至每吨近千元，受金融海啸激荡，迅即又回落至两百元。风生水起，峰谷倏忽。煤炭还是那个煤炭，价格却发生了剧烈变化。煤价的落差走低与煤炭本身没有任何关系，而是市场风云变幻的结果。倘若有一天，新型能源比如太阳能取代了煤炭，那么煤炭不仅黯然退出市场，就连其隐含的有用性也随之消失了。

清风明月本无价，笑问金钱为何物。一朵玫瑰花，它开放谢落只是自己的事，美丑香臭那是人的价值判断。甚至玫瑰的名字也是人们一厢情愿的叫法，与花无关。这一天然之物，从来和永远不关心也不知道它在人类世界有个美丽的名字叫玫瑰花。正是："雁过长空，影沉寒水。雁无遗踪之意，水无沉影之心。"

当然，纯自然物质与人造商品是有区别的，前者是秉天地之气而生的天然之物。而后者则是人为人工之器，凝结了生产制造者的思想和目的，即商品功能所承载的目的性和有用性。

传统商品价值理论认为，价值是凝聚在商品里的社会必要劳动。事实上不是所有的劳动和所有的商品都有价值和意义,正像 GDP 不等于有效用和有价值。凯恩斯的"挖坑理论",或许对于拉动内需有某种意义,并划出 GDP 走高的曲线向度,然而却没有实际经济价值。

经济效益有正效益与负效益之分,GDP 有绿色、灰色甚至黑色之别。如果产品不能够适销对路,就不会实现其价值。一种商品得不到购买者认可,即使商品生产者或制造者在商品里沉淀了太多的时间与汗水,也属无效劳动,自然也就无价值可言。一种产品如果有害于环境和人的健康,那么比不生产不制造更坏。

由此而论,商品只存有一元性,就是它隐含着的有用性包括观赏性。商品隐含的有用性是商品的灵魂,其本身无所谓或不存在价值和使用价值的二重性。商品价值的确认权与其价格一样,不掌握在商品自己和商品生产者手里,而是由商品的使用人,即商品的购买者和市场先生说了算。商品本身的有用性与商品在购买者那里产生和实现的价值成正比,即商品隐含的有用性越强,其可能实现的价值越大。据此,我们必须在认识论上,将商品的价值从商品那里剥离出来,交到市场先生手中。

商业思维

作为企业和生产者,欲使自己的产品获得价值,就必须摒弃只要付出劳动便会获得价值的观念,而要牢固确立科学发展观,深入了解和准确把握市场,自觉对环境负责,对用户负责,对未来负责,生产出人性化的与自然环境和谐一致的具有绿色价值的产品。

在市场经济里,人也是一种商品,一种像货币一样具有特殊性的商品。或者说,人具有浓重而深刻的商品性,深深地打着商品的烙印,以一种商品的意义存在着活动着,是一种有思想、会说话、行走着的商品。

市场的准入证许可证,只对商品和商品交换者颁发,此外一概谢绝入内。

人即使以商品交换者的资格进入市场,也一定拥有双重身份,即商品和商品的买卖者。人作为商品时,似乎与购买者之间没有发生直接关系,这是由于人的商品性被"工作"这层温情脉脉的粉红色的纱绸遮蔽了。

世界上没有无缘无故的爱,也没有无缘无故的恨。天上不会掉馅饼。试想,你的薪水从何而来?为什么而来?你的思想,你的技术,你的劳动,那不正是商品吗?你其实就是这一切的综合体或载体。作为商品人,你所拥有的一切,都将被市场先生换算成价值的分值，沉淀和隐含在商品的有用性里，等待在购买者那里获得价值和意义。如学业知识，聪明慧智，技艺才能，人脉资源，年轻相貌，体质体力等等。

体育是娱乐性极强的游戏，却散发着浓烈的商业味。2008年英超第四轮曼城与切尔西焦点之战中，罗比尼奥代表曼城以一脚任意球直接破门，完美地证明了自己标王的价值——以3250万英镑从皇家马德里转至曼城。

当一个商品人对社会对他人一无所用的时候，就失去了市场意义与价值。而当一个人在缺德无德的情境下，其才能不仅不会产生价值，而且才能越大对社会造成的危害将越大。所谓有德有才是精品，无德无才是废品，无德有才是毒品。

人的生命是平等的，但生命的人却是有差别的，所谓人有上中下，货分三等品。人与人之间差别的悬疑，往往可以从一般商品之间的差别中找到诠释与揭示。

讨论人的商品性至少提示我们，作为商品人，我们必须强化自己的市场性，拓展和提高自己对社会对他人的有用性。并积极地通过市场媒介，充分实现自己的人生价值。

19 杠杆思维

杠杆：词根来自古老的法语词，意为"使……变得更轻"。其力量体现在通过最有效运用时间、力气和金钱来提高生产力。

杠杆原理亦称"杠杆平衡条件"。阿基米德在《论平面图形的平衡》一书中最早提出了杠杆原理：二重物平衡时，它们离支点的距离与重量成反比；动力×动力臂＝阻力×阻力臂。构成杠杆的系统：支点、施力点、受力点。

在保卫叙拉古免受罗马海军袭击的战斗中，阿基米德利用杠杆原理制造了远、近距离的投石器，利用它射出各种飞弹和巨石，曾把罗马人阻滞于叙拉古城外达 3 年之久。他曾豪言壮语：给我一个支点，我就能撬起整个地球！

我们人体中也有许多杠杆在起作用。拿起一件东西，弯一下腰，甚至点一下头或抬一下头翘一下脚尖都是人体的杠杆在起作用。当曲肘把重物举起来的时候，手臂即是一个杠杆。肘关节是支点，支点左右都有肌肉，举起一份的重量，肌肉要花费 6 倍以上的力气。如果弯一下腰，肌肉就要付出接近 1200 牛顿的拉力。所以在弯腰提起重物时，正确的姿式是尽量使重物离身体近一些,以避免拉伤肌肉。

拿破仑说:"世界上有两根杠杆可以驱使人们行动:利益和恐惧。"

伊朗人说:"聪明才智是拨动社会的杠杆。"

桑塔亚那说:"思想是万物伟大的杠杆。"

迪斯累利说:"财富的增长和闲暇的增加是人类文明的两个杠杆。"

别林斯基说:"自尊心是一个人灵魂中的伟大杠杆。"

杠杆是打开财富之门的钥匙。

杠杆是发力的工具,一切都可视为杠杆而去利用。比如电脑,手机,青春,美丽,口才,关系……更如流程杠杆,时间杠杆,关系杠杆、财富杠杆,特别是任何优势皆可视为杠杆。是的,词语,还有词语。词语代表思想,来自心灵,是一种特殊的力量,它决定行动力直至决定命运。

人们做梦都想获得财富,而财富的关键在于杠杆,一个被富人复制了数个世纪充满生命力的杠杆方式——倍数增长。世界上最有威力、最具民主的建立财富的杠杆方式,叫"复合",它能够把乞丐变成王子,爱因斯坦称之为"世界八大奇迹";它是推动华尔街和银行界创造财富的系统;是杠杆时间和金钱的终极工具。其特点是呈倍数增长,迅速和富有戏剧性。6+6=12,而 6 的平方时便是 36。倍数等式被称为"第二能量"或第三能量。

用复制与辐射的目光看, 就会从一粒麦种看到一片麦田,一座粮仓,无数金黄的面包……

韦氏大词典解释复合利息:利息的计算是基于对本金和累计未支付的利息计算。关键词是累计。线形等于有限,倍增等于爆炸,像网络,像星云。

杠杆就是生产力。科技、文化、艺术,都具有杠杆的功能和意义。

艺术杠杆:艺术不是真理,却可以帮助我们认识真理。

每个时代都有每个时代的独特价值, 每个时代的价值受孕于这个时代的价值取向。最有价值的时代,绝不会取媚权力、财富和刀剑,而一定以思想、科学、艺术为崇高追求。思想、科学、艺术价值,是考量一个时代高度的标志,是彪炳千秋的黄金文明。

夏陶、商铜、周漆、汉玉、(北)魏雕(像)、唐俑、宋瓷、明木、清(字)画,中国历代王朝更迭,若川剧变脸,多少文明创造一时昙花,风光不再。唯有这一链艺术元素,这一枚枚回音着历史意蕴的艺术符号,延续着、诉说着、鲜活着曾经的文化生命。

艺术,弱者的选择。卡夫卡:"事实上,作家总要比社会上的普通人小得多,弱得多。因此,他对人世间生活的艰辛比其他人感受得更深切、更强烈。对他本人来说,他的歌唱只是一种呼喊。艺术对于艺术家来说是一种痛苦,通过这个痛苦,他使自己得到解放,去忍受新的痛苦。他不是巨人,而只是生活这个牢笼里一只或多或少色彩斑斓的鸟。"

不,艺术者将自己高强的才华智慧,转化成艺术穿越时空的力量。——人们只有在艺术天地里,才能找到原真自己,才能呼吸到清新至纯的空气,才可使化装的人性得到回归复原,让灵魂有了安顿的可能。

流过我们心灵和记忆的不是塞纳河、尼罗河的涣涣河水,而是浸润其中的灿烂文明与文化;孔子耶稣释迦牟尼苏格拉底牛顿笛卡尔荷马但丁名字符号后面,是穿越时空的思想、科学、艺术光芒。苏联作曲家梅特涅尔评赞拉赫马尼诺夫《第二钢琴协奏曲》:每当第一次钟声震响,你会感到整个俄罗斯都在跃然奋起。

释迦牟尼若沉湎于净饭王子的锦衣玉食,美色丽彩,何成修佛得道、传经解惑之业？亚里士多德、柏拉图倘若追名逐利,趋炎附势,焉能像普罗米修斯为人类奉献真理之火？

古希腊哲学家泰利斯为反击哲学无用的世俗偏见,以天文知识观测气象,获取到来年橄榄丰收的科学信息,于是租赁了全部橄榄油作坊。橄榄丰收之际,泰利斯将作坊高价租出,遂赚得大笔利润。——亚里士多德借题发挥:这件事表明,哲学家如果想赚钱是很容易做到的,但这不是他们的兴趣所在。

"如果你有两片面包,请拿出一片去换取水仙花"(穆罕默德)。固守物质的面包,徘徊于鱼与熊掌如何兼得的层面,怎能抵达水仙花鲜美的人生境界？思想之炬,科学之灯,照亮历史隧道与精神之路;文学之火,艺术之光,温暖我们灵魂的宫殿,鉴映我们生命的尊严与高贵。

踏破铁鞋无觅处,蓦然回首那人却在灯火阑珊处。——生活并非缺乏艺术,却总是缺乏感受艺术的心境,以及对艺术的切切关怀。

经商,首先要有"财商",其次重要的是营销。

营销,是撬动商业旋转的重要杠杆。

人一生下来做的第一件也是最重要的事,便是营销。婴儿不会说话,只有用哭来表达诉求,比如饿了要奶吃,这里的哭就是一种营销。教师讲课、作家发表作品,乃至包装、炒作、广而告之,皆属营销范畴。

在市场经济中,每个人都打着商品的烙印,都具有商品的二重性:价值与使用价值。

推销自己是推销产品的前提。先学会做人,再做生意。

贯穿一生的关键词:经营自己。营销自己。

营销两大理念:产品是什么并不重要,重要的是市场需要什么。第一比最好更重要。世界上没有最好,而只有更好。包装炒作是营销的一个艺术手段。媒体时代,包装显得分外重要。酒好也怕巷子深,响鼓还需重锤敲。

【案例品鉴】 甲乙两人在同一个市场卖蛋糕。场面冷清,两人便做起了游戏:甲花一元钱买乙一块蛋糕,乙再花一元钱买甲一块蛋糕,都以现金交付。第二轮开始,甲花两元钱买乙一块蛋糕,乙再花两元钱买甲一块蛋糕,仍以现金交付……半个小时后,蛋糕涨到了一个50元。两人谁都没有赚钱,也没亏钱,但"重估"之后的资产"增值"了。彼此拥有高出游戏之前许多倍的"财富"。这时,另一个人丙发现刚才蛋糕一个仅一元,转眼翻了几十倍,正在纳闷疑惑,再看时,蛋糕已经涨到了 100 元,而且还在继续走高。于是急忙上前买了一块。不仅是丙,路过的人都看到了"赚钱"的商机,纷纷上前争相购买。一边是蛋糕价格攀升,一边是抢购风潮漫卷。在这个动态的游戏中,大家都一样紧张却兴奋,因为所有人在理论上都处于赚钱状态——对于卖蛋糕者,谁卖得越多谁就赚得越多;对于购买者,谁手里的蛋糕出手了,谁就真正赚钱了。甚至,卖出蛋糕者竟有点后悔,因为蛋糕还在飞速涨价。然而,总有亏钱之时和亏钱之人——如果市场监管部门出面干预,认定蛋糕价格只能是一元钱;如果市场出现了许多蛋糕商,蛋糕数量猛增,而且价格都是一元;如果大家突然醒悟到卖来卖去的原来只是个蛋糕,如果再没有人愿意玩互相买卖的游戏了……

营销是经济概念,但经济与政治、文化密切相关。政治是经济的集中表现。政治经济学,才是比较完整的经济学。营销一定程度上说是营销政治和文化。在政治和文化等背景下,才可能拓宽营销之路。

"汝果欲学诗,功夫在诗外"。同样,做营销也要跳出营销做营销。

温州打火机占到全世界份额的 80%,欧盟的同类企业基本上全部被挤垮了。于是政治出面了,2006 年 2 月,欧盟提出了新的法案,专门针对中国打火机设限。第一招,所有中国打火机要想在欧盟市场销售,必须在销售地建自己的打火机维修点。第二招,所有在欧盟销售的打火机必须能够连续使用五年,打的幌子是保护消费者权益。

……

世界上没有卖不出去的东西,只有蹩脚的推销员。

深圳研祥董事局主席陈志国在德国买榔头,导购员说,你准备买怎样的榔头?陈志国说,当然买最好的。那就建议你买我们国产的吧。它也许没有进口的贵,但我可以告诉你,它的质量是最好的。

一天,总统路过一个小书店,书店老板拿一本书赠送,总统看也没看说,嗯,这是一本不错的书。第二天,书店贴出广告:一本总统说好的书,本店正在销售。过几天,总统又从这里经过,书店老板便顺手从书架上抽出一本书追上去赠送,总统摇摇头说,不要,不要,一本很糟糕的书。书店便又贴出广告:一本总统说很糟糕的书,本店正在销售。过一段时间,书店老板看到总统再次走过书店,便又拿一本书赠送,总统很不耐烦地摆摆手说:NO,NO,这样的书我不看。

书店随即又贴出广告：一本总统不屑一顾的书，本店正在热销。

行动，撬动成功的有力杠杆。

现实是此岸，理想是彼岸，中间隔着湍急的河流，行动则是架在河上的桥梁。

——克雷洛夫

发现问题是智慧，解决问题是能力。坐而论道，莫若起来尝试。实践出真知。心动不如行动。要知梨子的滋味，最好亲口尝一尝。绝知此事要躬行。

做一寸胜过说一尺。口号也是需要的，那是对自己的一种提醒和激励，但更重要的是行动，而且是有计划、有目的的行动。

荀子："道虽迩不行不至，事虽小不为不成。"

弘一大师："日日行，不怕千万里；常常做，不怕千百事。"

里尔克："我们的人生就是一个被艰难包裹的人生。对于这个人生，回避是不行的，暗讽或者堕落也是不行的，学会生活，学会爱，就是要承担这人生中艰难的一切，然后从中寻觅美和友爱的存在，从一条狭窄的小径上寻找到通往整个世界的道路。"

亚里士多德:"事业是理念和实践的生动统一。"

叔本华:"智慧只是理论而不付诸实践,犹如一朵重瓣的玫瑰,虽然花色艳丽,香味馥郁,凋谢了却没有种子。"

比尔·盖茨:"不要让这个世界的复杂性阻碍你前进。要成为一个行动主义者。""除非你能够让人们看到或者感受到行动的影响力,否则你无法让人们激动。""凡是有力量,有能力的人,总是能够在对一件事情充满热忱的时候,就能立刻去做。"

小罗纳尔多:"在球场上,我用表现证明了自己的价值,这已经足够了。行动永远高于语言……如果我、巴沙与巴西国家队一起不断地夺冠,而我又表现得很好,我就能够把金球奖永远保存在我手里。"

马云评说多数人的思维逻辑:"睡觉时雄心勃勃,信誓旦旦,构思设计了十条路、百条路,但第二天醒来只选择了一条——上班之路。"

清代彭端淑《为学》:天下事有难易乎?为之,则难者亦易矣;不为,则易者亦难矣。人之为学有难易乎?学之,则难者亦易矣;不学,则易者亦难矣……蜀之鄙,有二僧:其一贫,其一富。贫者语于富者曰:"吾欲之南海,何如?"富者曰:"子何恃而往?"曰:"吾一瓶一钵足矣。"富者曰:"吾数年来欲买舟而下,犹未能也。子何恃而往!"越明年,贫者自南海还,以告富者,富者有惭色。西蜀之去南海,不知几千里也,僧富者不能至,而贫者至焉,人之立志,顾不如蜀鄙之僧哉!

行动是理想变为现实的最好翻译。行动是语言,是最有力的语言。行动要从今天开始,从眼下开始。

重要的是今天,今天比黄金更现实更贵重。记住:今天永远比明天早。

从哪里来实在无关紧要,因为我们已经来了;到哪里去同样也是无聊的话题,因为那是以后的事情。重要的是现在,如何让现在过得好,过得快乐。

相信现在,做现在主义者。现在永远是对的,最好的。

看不到的世界或许很美丽,但看得见的现实更有意义。

活着,就只能在路上。出路出路,只要走出去,就总会有路;困难苦难,困在家里就是难。

一条路开通和诞生,便是一种存在。道路两旁所谓的风景,属于人类的赋予和定义,风景美不美取决于走路者的心境。任何一条曲曲小径，都不是一个孤立和偶然的存在，它是大路的根须，是世界的神经，天知道，它会把你带到哪里。就像一茎纤细的叶脉，沿着叶片和枝干，连起大树与春天。

事物总是这样，一旦开始，就会绵延无限。结尾？不，任何开始都没有结尾。

马克思："哲学家只不过以各种方式解释世界，重要的是改变它。"

学以致用。有效的学习是学习导致行为的改变。知识通过行动延伸，开花结果，获得鲜活的生命。有些知识，知道在哪里即可。有些知识，要使之化成自己生命的东西。美国彼得·圣吉《第五项修炼》强调学习型组织的艺术与实务，在于融会贯通，在于选择方法，使知识活起来，这最好的方法就是行动，让知识变成能力和素质。

人性弱点：人都有畏难情绪，就像都有惰性一样；人总是想得多，说得多，做得少；做一事前，人总是编一套假设的理论套在未知的事情上，使事情朝着假想运动，所谓画地为牢。

民间有话说得似乎有些尖刻：百无一用是书生。秀才造反，三年不成。书生的弱点就是坐在那里想得多，多虑多疑，优柔寡断,缺乏身体力行和担当的勇气;理论上的巨人,行动上的矮子。我曾自嘲:书生意气何所用?掩门一笑写文章。据说攀缘橡树有两种方法:一是像猴子那样去爬,二是坐在橡树籽上面。

远处的花朵虽美,但你所闻到的芬芳,却是来自身边的花朵。

如果想等到所有的十字路口都变成绿灯的时候再动身,那么永远无法开始你的旅程。

最后和最亮的光芒永远在自己心里,那是信念之光。信念闪耀,即使黑暗如潮,你的世界也不会被淹没。世界上许多门原来都是虚掩的,轻轻一推,它就吱呀一声,为你打开。只要大胆去试,就会发现这一秘密。《圣经》说:叩门,就给你开门。

钢铁大王卡耐基总是这样鼓励自己:我想赢,我一定能赢。

撒切尔夫人回忆,她的父亲教育她听课开会永远坐前排,排队行进永远走在最前面,并以此训练敢争天下先的习惯和性格。

【案例品鉴】 数学王子高斯18岁时,一天做老师布置的作业,有一道题他做了一夜,天亮时送到老师那里。老师接过作业,惊讶地问道,这是你做出来的?高斯说,老师我太笨了,一个晚上才做出来。老师激动地说,你知道吗?你解开了一个两千多年的数学悬案。这道题,阿基米德、牛顿多少年都没有做出来,可你只用一个晚上做出来了,你真是个天才!我昨天没留神将它夹在了给你留的作业里,因为我也在研究这道题。高斯回忆说:如果有人告诉我那是一道两千年的悬题,至少我不会一个晚上就把它破解。

问题:当母亲和爱人同时落水,先救谁?回答:谁离的最近先救谁。重要的是救人的行动,而无论救的是谁。情形火急,容不得更多思考。否则,就会错失救人机会。

一位科学家在桌子上放了一块石头,上面刻着两个字:今天。

苟日新,日日新。让每个今天精彩,你的一生就是精彩的一生。

古希腊哲学家艾皮科蒂塔说:一个人生活上的快乐,应该来自尽可能减少对外来事物的依赖。

张居正用人重用循吏,慎用清吏。就因为循吏总是把行动和结果放在首位,而清吏循规蹈矩,语言强,行动弱,往往事情做成的少。

【案例品鉴】 林肯的父亲在西雅图低价买了一个农场，因为地里有许多石头。这些石头被父亲视为不可改变的，父亲说，如果可以搬走那么人家就不会这样便宜就卖了。但有一天，母亲带了林肯一试，石头竟搬起来了。

所谓的"不可能"，原来只存在于我们想象之中，只需要转个身，做一个尝试，行动一下，复杂问题就变得简单了，"不可能"就变成了"可能"。

亚当·斯密："所有财富都来自耕耘。辛勤的劳动一定是爱的劳动。"柏拉图：不论你在什么时候开始，重要的是开始之后就不要停止；不论你在什么时候结束，重要的是结束之后就不要悔恨。

胆怯是好人的不幸。"只要将一个人内心的态度由恐惧转为奋斗，就能克服任何障碍。"——威廉·詹姆斯

只要每天都有成长，长高就是后来的事情。

熟能生巧，勤能补拙。一勤天下无难事。

行动，行动，行动……

20　细节思维

细节思维要求我们，说话办事要认真认真再认真，不可因事情小或一个小问题小细节疏而忽之，为千里长堤毁于蚁穴添加新例。

狄更斯："天才就是注意细节的人。"

黑格尔："上帝惊叹细节。"

建筑师密斯·凡·德罗："魔鬼在细节。"

普罗米修斯："伟大的事，往往起于微末。"

一个细微的眼神，却可能是一个人的心理底牌。

人的优秀和杰出，总是从某一点开始的。那个"点"，或许很细微，像一粒种子那样不为人注意，但它却潜蓄着鲜勃强劲的生命力。

任何一个事物的整体，总是从一个点、一个细节、一个局部开始改变的，也是从最后一个点、一个细节、一个局部完成或者毁掉的。

《老子》："为无为，事无事，味无味……图难于其事，为大于其细。天下难事，必作于易。天下大事，必作于细。是以圣人终不为大，故能成其大。"

柏拉图:"如果没有小石头,大石头也不会稳稳当当地矗立在那里。"

于细微处见精神。致广大而尽精微。滴水尚能映日,一叶便可知秋。

生活,一个一个细节的连缀和拼图。

小与大的关系并无绝对,它们彼此联系,相互转化。

影视演员王宝强说:我只知道把每一件事情做好,你可以不去想做好一件事的意义,但别人会注意到你。

一生中不在于做了多少事,而在于做成多少件有意义的事情。

在物质与精神、个体和社会之间,分寸感和恰到好处,是一辈子的功课和学问。

言谈举止中都充满着细节,或许那个细节会成为一件事情甚至你一生的转折。

【案例品鉴】 美国标准石油公司曾有一位小职员叫戴维斯,他在与顾客交往时,总在自己签名的下方,写上"每桶4美元的标准石油"的字样。在书信及收据上也不例外。被同事唤作"每桶4美元",而他的名字却没人叫了。公司董事长洛克菲勒听说后感慨:"竟有职员如此努力宣扬公司的声誉,我要见见他。"再后来,洛克菲勒卸任,戴维斯成了第二任董事长。

【案例品鉴】 开学的第一天,苏格拉底对学生们说:"今天只做一件事,每个人尽量把胳膊往后甩,然后再甩,直至300下。"学生们都笑了,这么简单的事谁做不到?可是一年后,全班只有一个人坚持了下来,这个人就是后来的大哲学家柏拉图。

重要:我们常用"重要"一词来强调生活中一件事情或一个人、一段时间的特殊意义。什么是重要的事情呢?就是你现在必须面对必须要做的事,它是你人生大文章中的一个细节。家有三件事,先从紧处来。所谓重要之人,就是你做事情当中必须接触和打交道的人。所谓重要时间,就是今天,就是现在,就是当前。"活在当下"。把每一件眼下要做的事情做好,一个一个细节连接起来,就做成了你的事业;把每件事情中的每个人的关系处理好,就优秀了你的人品,成功了你的人生。把今天和现在抓住,就抓住了你一生的时光。道理谁都明白,智慧在于正确选择什么是你要做的事。对于重要的事和重要的人,你必须以真诚面对。真诚是一种态度,一种力量,可使天地动容,山水让路。马云在回忆他和克林顿会谈时说,克林顿眼睛里传达出的真诚告诉他,他是克林顿此时最重要的人,而他们所谈的事是此刻最重要的事。如果你是怀着一颗真诚的心而做错了什么事,那也会被人尊重和谅解。

对于重要的事和重要的人,一定要付诸认真的行动,于认真中见精神。认真决定细节,认真决定成败。一些中国人在国外,被批评为共性的两点,一是不认真,二是小聪明,切中了我们不少同胞的软肋。老百姓常说,本本分分做人,踏踏实实做事。做事,金石为开,玉汝于成。世界上怕就怕认真二字。正是认真天下无难事,认真天下谁能敌!

21 财富思维

财富,在经济学上是指物品按价值计算的富裕程度,或对这些物品的控制和处理的状况。财富概念的范畴包括货币、不动产、所有权。

古希腊著名思想家色诺芬最早给财富下定义:"财富就是具有使用价值的东西。他认为诸如马、羊、土地等有实际用处的东西才是财富。"亚里士多德进一步阐明:"真正的财富就是由……使用价值构成的"。其后,作为西方经济学的奠基人物亚当·斯密，将财富既理解为价值即社会财富，又理解为使用价值即物质财富："一个人是富还是穷，依他所能享受的生活必需品、便利品和娱乐品的程度而定"，人们"用来最初购得世界上的全部财富的，不是金或银，而是劳动"。

最新版汉语《辞海》定义财富："具有价值的东西。"

英国著名经济学家戴维.W.皮尔斯主编的《现代经济词典》中对财富的定义，被认为是西方经济学对财富的典型而通用的定义，或者说是经济学意义上的财富的定义："任何有市场价值并且可用来交换货币或商品的东西都可被看作是财富。它包括实物与实物资产、金融资产，以及可以产生收入的个人技能。当这些东西可以在市场上换取商品或货币时，它们被认为是财富。财富可以分成两种主要类型：有形财富，指资本或非人力财富；无形财富，即人力资本。"

【案例品鉴】 20世纪20年代，是美国经济飞速发展的年代。当时已有的一些经济性报刊观念老化，不适应形势发展的要求。1929年亨利·鲁斯以惊人的洞察力，决定办一份专门为工商企业界服务的月刊，主要刊登经济问题研究文章，这便"办成一本对经理人的指导手册"。于是《财富》诞生了。《财富》杂志 500 强排行榜已成为世界上最具影响的企业排名之一,而《财富》全球论坛则被视为世界经济界巨头"脑力激荡""激发新思维"的良机。

耶稣:"你的财富在哪里,你的心就在哪里。"而你的心在哪里,你的希望就在哪里。

卡夫卡:什么是财富? 对于甲,一件旧衬衫就是一笔财富,而乙有一千万元还是贫穷的。财富是完全相对的东西,不能使人满足的东西……财富意味着对占有物的依附,人们不得不通过新的占有物、新的依附关系保护他的占有物不致丧失。这只是一种物化的不安全感。

法国富翁巴拉昂的遗嘱刊登在《科西嘉人报》:他曾是一个穷人,在跨入天堂之前特留下一个秘诀,凡猜中者奖其 100 法郎。几天间,收到 48561 封信。但只有一位叫蒂勒的小姑娘猜中,秘诀是:穷人最缺的是野心,即成为富人的野心。

【案例品鉴】 有人问三位干活的年轻人,你们这是在干什么呢?甲埋头回答,砌墙;乙边干边说是盖大楼;丙笑了笑道,我们是在建一座城市。十年后,甲依然在砌墙,乙坐到了办公室,丙成了甲和乙的老板。

财富意义之一:拥有足够的钱和时间,让你在你想做的时候做你想做的事情——自由,即可以自由决定你如何运用自己的时间。

财富是获取自由和快乐的资本,是通往幸福的绿卡,是做想做事情的保证。财富包含了智慧才干,而智慧毕竟不等于财富,虽然有生成财富的萌芽因素和可能。

谁都知道培根的名言"知识就是力量",问题是只有聪明人才能把这种力量转化为财富。人人都希望自己活得潇洒,然而潇洒是有条件的。潇洒三要素:金钱、时间、心情。钱能通神。钱会说话。贫困就会落后,落后就要挨打,"弱国无外交"。

秦始皇统一六国,货币起了重要作用,货币是一种特殊的语言,是超语言的语言,比文字语言更具有独特力量。

工业社会的动力是金钱,资讯社会是知识。是的,商人必须知识渊博,然而知识如果变不成财富,商人就成了坐在教室里的学生。

"工作的意义就是比破产强一些。"

"因为对金钱的追求,世界才变得美丽。"

"朝霞中最耀眼的一缕是财富的光芒。"

商业思维

"与其安弱守雌,不如舍身一搏。"

热爱财富如同生命,讨厌贫穷如同疾病。

拿破仑·希尔:钱,好比人的第六感官,缺少了它,就不能充分调动其他五个感官。

"让所有那些有学问的人说他们所能说的吧,是金钱造就了人"。

不知道是谁创造了埃及金字塔,但尽人皆知是心理学家马斯洛发现了人的需求层次"金字塔"。

我们不喜欢钱,因为它让我们活得很辛苦;我们又喜欢钱,因为它能帮助我们买到喜欢的东西。

我很厌恶钱,就像厌恶小人。但生活不能没有钱。没有钱,人生就没有了戏剧,就像没有小人就构不成完整的世界。

金钱,可以买到面包,甚至可以买到爱情与尊严,还可以让一个丑陋的人变得俊美起来。比如额头一颗黑痣,借了金钱的光芒竟闪耀某种象征意义。赫拉巴尔在小说《我曾伺候过英国国王》里这样写道:第二天,我对世界的看法立即变了样。这些钱,不仅为我打开了通向天堂的大门,而且使我有了尊严。

破译富人致富密码:穷富人差异在思维理念,即方向道路不同,各有各的思维方式与规律。穷人在"不可能"的误导下,常常被失败的结果验证,陷入怪圈;富人在"没有不可能"的激励下获得成功,纳入良性循环;穷人教育孩子"毕业找份好的工作",灌输为别人打工的思想;富人告诉子女"有机会就开公司做老板",强化君临天下的意识;穷人的词典里频频出现"办不到",富人思考最多的是"怎样才能办到";穷人用灰色的眼睛看世界,富人的视线里到处都是积极与光明的事物。

富人特点:远视(超前)+胆量(胸怀)+乐观(执着);重结果,轻手段;吃小亏,赚大便宜;自私,心硬,所谓为富不仁,"商人重利轻离别";热衷用大话或编织幻想来提升信心,鼓舞自己;说假话如真话一样自然;吝啬、精明、精细,成本能省半分省半分,价格能高1分高1分;精明是所有商人的特点,就像飞翔是所有鸟的共性;无利不起早,做事比常人更勤快更用心;不论多忙,一日三餐有模有样,有滋有味。世界上再没有比赚钱更容易的事了。天哪,这是谁说的话,说得像吃一个大鸭梨那样轻松潇洒!而我们生活中却常说:除了登天难,就数挣钱难。

78：22 的法则：人体中水占了 78%的比例；22%的人占社会 78%的财富。

富人成为富人是因为他想成为富人。想成富人就多交富人朋友。成为富人的秘诀：找一个你欣赏的富人，学着他的思想，学着说他的话、做他的事。

恐惧和狭隘制造贫穷。君不见满大街都是"有才华的穷人"。

生活从来就不公平，公平或许只在天堂有。什么面子、里子，世界不会在意你的自尊。

然而不要忽略仪表，仪表和自信一样，使你增值与加分。以貌取人；先敬罗衣后敬人；看人下菜碟，是社会通行的一副表情。

在商言商，经商就要遵循商业规则和逻辑，追求利益最大化，"轮船也许会腐烂，但利润却不必和船长的灯一起沉入大海"。只是商业行为一定要绿色，须与大自然相和谐，走向一致。

泰戈·伍兹："我从来都不想挣多少钱，我只想成为高尔夫球界里数一数二的高手，钱一定会追着我来的。"

《韦伯斯特英语大词典》里"胆量"的定义：冒险、坚持以及抵御危险、恐惧或困难的心理力量和精神力量。

"成功的商人往往敢于拿妻子的结婚项链去做抵押。"

"傻瓜才拿自己的钱发财,别人的钱是我开启成功之门的钥匙。"

永不满足,永不停步,才能延长财富的道路。

每一次变革,世界财富都会进行重新分配并增殖。

解开个性代码,释放富翁潜能。

拿破仑·希尔致富六大过程:牢记渴望的金钱数;决定以怎样付出;设定拥有日期;草拟计划并立即行动;先获取的钱数和时限;早晚各念一遍。

当你做出决定的一刻,你的生活便迎来了彻底改变的黎明。

iphone4,iphone5,iphone6,苹果手机频频亮相,不断刷新世界的界面,引领世界的角色如花灿烂。乔布斯留给世界的不是一只苹果,而是一个季节,一个秋天的绚烂。即使有一天苹果从云端坠落,"改变世界"的光芒也不会熄灭。

【案例品鉴】 分众传媒创始人江南春现象:分众传媒仅仅 3 年,日均收入 300 万元人民币,其公司价值达 200 个亿,个人财富 30 亿,堪称飙升,并于 2005 年 7 月 14 日在纽约纳斯达克敲响开市的钟声。江南春读大学时一次参加舞会,舞伴问江南春学什么专业,他骄傲地回答:我是诗人。诗人就是穷人,于是女伴拒绝与他再跳。接着他看到,校门后面卖水产的小老板车上,竟坐着校园的美女。他开始反思和发愤:

1、诗的创造力想象力产生了作用。用一支玫瑰/堵住你燃烧的嘴唇……嘴唇都可以燃烧,这世界还有什么不可能?反叛的想象力体会到求新的意义,领悟到什么是真正的激情。

2、竞选学生会主席体会到竞争的秘诀。由于害怕演讲短路,讲稿背了几百遍,包括学生可能提的问题,达到了在大脑一片空白下,一张嘴词就来了——条件反射。为从对手那里发现教训,他去听对手的演讲,并明白了任何成功背后,最根本的决定因素,是各种利益和意志的较量与平衡,而非通常认为的个人才华,而且必须洞悉并顺应各种意志冲撞后的前进方向。于是,他请各系学生会主席吃饭,以实现合纵连横。

3、陈天桥做网络游戏失败教训令他悟出:不熟不做。人生像赶路,受从众心理驱使,陈天桥去挤大巴士,可没挤上,却发现一辆敞篷的法拉利停着,于是顺势拉开坐上,一踩油门,绝尘而去。(不做机会最大的,只做自己最擅长的。隔行不取利,隔行如隔山。巴菲特说过,要在熟悉的领域下赌注。世界是冒险家的乐园,但一定要给冒险划一条底线,不做赔本的买卖。)

4、楼宇里花花绿绿的广告启迪:用液晶电视屏幕取代张贴广告。前景广,易操作,回报快。天然的竞争壁垒,长期的投资回报,是优秀商业模式的必须要素。

5、人的占有率即市场占有率。如果聚集了业内最优秀的人,这个世界就是你的。

世上只一人最理解支持你——自己。

成为富翁是一场智力游戏。

自卑、恐惧、懒惰,三座大山。

黑格尔:贫穷是最大的罪恶。

凯恩斯:贫穷是愚蠢的深渊。

巴尔扎克:贫穷深刻无比,它背后的故事多于爱情。

财富,除了物质,还有精神财富。靠点子致富无疑是一条捷径。

"要想富,就要先观察每个人正在做什么,然后做与他们相反的事。"

"伟人经常犯错误,会摔倒。但虫子不会,因为它们做的事情就是挖洞和爬行。"

"第一,不赔钱;第二条,记住第一条。"

借力财富魔方,推动财富巨轮。

被困于工作之中,是创造收入的奴隶,而非创造财富的主人。

钱生钱。钱姓赚不姓攒。钱是挣来的不是省来的。日本商业家手岛佑郎:大手大脚地花钱,过奢侈的生活,这样,一个人就能获得自信,从而拥有富人的感觉,获得一种富人的思维——只有拥有富人的思维,才能跻身富人的行列。

节俭悖论:18世纪的荷兰人曼德维尔《蜜蜂的寓言》:一群蜜蜂为追求豪华生活,大肆挥霍,结果很快兴旺发达起来。后来,改变习俗,走向保守。放弃奢侈生活,崇尚节俭,导致衰落。消极的节流制约开源,是畸形的发展观念和一种生活的罪恶。

犹太人气定神闲,反对降低生活标准换取期待富足,认为攒小钱绝对不成富翁。不以刻薄自己过分节俭为代价。如果总不把钱花出去,就会失去赚钱的动力;从个人生活考虑,如不花,创造的财富对自己有何意义?

【案例品鉴】 一个 70 多岁的穷人领到 100 美元的救济金,按惯例到银行存了 20 美元。出门时他看到一位年纪相仿的绅士打扮的人在抽雪茄。"您的雪茄很香。不便宜吧?""20 美元一支。""呵,那您一天抽多少支?""不多,15支。""您抽多久了?""50 年了。""哎呀,您抽雪茄的钱不算利息就有 500 多万美元,大概可以买下这家银行了?""你好像不抽雪茄?""是的,我不抽。""那你能买下这家银行吗?"老实说,不能。""告诉你吧,这个银行就是我的,而且这样的银行我有十家。"

三年成就一个贵族?不,如果指精神那倒另当别论,如果说物质,一夜间即可成为一个富翁,只要你有奇迹般的创意。

世界插在了电源上,微软使全球化进入网络化时代。获取财富的进程大大缩短,生活频率处处都是进行曲节奏和高速公路的速度。

重要的不是你在什么位置,而在于朝着什么方向。桌子上平放着两个没有瓶盖的瓶子,一个里面装着蜜蜂,另一个装着苍蝇。蜜蜂总是朝着瓶底方向飞,结果全部困死;而苍蝇一开始也朝瓶底处飞,发现受阻,便调整思路,终于脱险飞出。

放弃梦想和降低期望值都是极大的错误。人要懂得回头,善于回头,不可一条道走到天黑。不见黄河心不死,不到长城非好汉,是一种勇气可嘉的执着,而不撞南墙不回头却是一种匹夫蠢行。

全球最大的新闻机构 CNN:在 21 世纪,我们将处在一个没有固定职业的社会。

未来学家预测:人类现有绝大多数的职业再过 20 年将永远在这个地球上消失,失业和破产将成为 21 世纪最流行的名词之一。

成功商人的常规做法是投资金融行业和其他资金回收快的行当,把 78% 的注意力和精力倾注到"钱生钱"上。

英国籍的犹太银行家莫里茨·赫希:上帝把钱作为礼物送给我们,目的在于让我们购买世间的快乐,而不是让我们攒起来最后还给他。只是,一次,他在庄园招待上流社会的人士两周,仅供来宾射杀的猎物就达到一万多头,这无论怎样,都令人闻之愕然,应遭质疑。

社会需要财富,生活离不开金钱。然而财富,特别是金钱有时很委屈,一脸无辜的样子,因为它们常常遭到谴责和诅咒。即使金钱,其本身没有错,问题往往出在赚钱和花钱者那里,这便引出财富和金钱的两大原则:

一是,金钱怎么来的?金钱的来路确实需要考察、验证、甄别。创造财富的方式是通过投资,而绝不是投机。而每一笔财富的获得,如果以破坏大自然为代价,那么这样的财富无异于一笔血债,我们称其为"负财富"。真正的财富是绿色财富,环保财富,即"正财富"。就像农民在土地上种植庄稼,是用辛苦、汗水和智慧"天人合一"地种植出来的,而绝不是豪奢掠夺,恣意攫取。

二是金钱用在了哪里?金钱是用来提升人的文明素质和生活品质的,这应当是金钱存在的文化意义。享受自己获得的财富固然是一种人生乐趣,但任何财富的蛋糕,如果拿挥霍和浪费的刀子去切,无论如何,是一种犯罪。何为经济?中国成语气贯长虹:"经国济世"。这是中国传统文化的价值观。穷则独善其身,达则兼济天下。金钱来之于社会,则用之于社会;财富取之于世界,必还之于世界。

22 情商思维

情商（Emotional Quotient）简称EQ，主要是指人在情绪、情感、意志、耐受挫折等方面的品质与能力。是心理学家们提出的与智力和智商相对应的概念。最新的研究显示，一个人的成功，只有20%归之于智商的高低，80%则取决于情商。

情商对于人的成功起着比智商更加重要的作用。智商（intelligence quotient 简写成IQ）是用以表示智力水平的工具，也是测量智力水平常用的方法，智商的高低反映着智力水平的高低。智商和情商，都是人重要的心理品质，都是事业成功的重要基础。智商主要反映人的认知能力、思维能力、语言能力、观察能力、计算能力、律动的能力等。也就是说，它主要表现人的理性的能力。

情商主要反映一个人感受、理解、运用、表达、控制和调节自己情感，以及处理自己与他人之间的情感关系的能力。情感常常走在理智的前面。它是非理性的，其物质基础主要与脑干系统相联系。

心理学家总结，情商水平高的人具有如下特点：社交能力强,外向而愉快,不易陷入恐惧或伤感,对事业较投入,为人正直,富于同情心,情感生活较丰富但不逾矩,无论是独处还是与许多人在一起时都能怡然自得。一个人是否具有较高的情商,和童年时期的教育培养有着密切的关系。从这一意义上说,培养情商应从小开始。

高情商的表现:尊重所有人的人权和人格尊严;不将自己的价值观强加于人;对自己有清醒的认识,能承受压力;自信而不自满;人际关系良好,和朋友或同事能友好相处;善于处理生活中遇到的各方面的问题;认真对待每一件事情。情商较高的人,通常有较健康的情绪,有较完满的婚姻和家庭,有良好的人际关系,容易成为某个部门的领导人,具有较高的领导管理能力。

"情商之父"、美国哈佛大学的教授丹尼尔·戈尔曼所著《情商:为什么情商比智商更重要》一书,引发全球性 EQ 热研与深论。他说"情商是决定人生成功与否的关键",并接受萨洛维的观点,提出情感智商包含五个主要方面:

1.了解自我:监视情绪时时刻刻的变化,能够察觉某种情绪的出现,观察和审视自己的内心世界体验,它是情感智商的核心。只有认识自己,才能成为自己生活的主宰。

2.自我管理:调控自己的情绪,使之适时适度地表现出来;

3.自我激励:能够依据活动的某种目标,调动、指挥情绪的能力,能够使人走出生命中的低谷,重新出发;

4.识别捕捉他人的情绪:能够通过细微的社会信号敏感地感受到他人的需求与欲望,并认知他人的情绪,这是与他人正常交往,实现顺利沟通的基础;

5.处理人际关系,调控自己与他人的情绪反应的技巧。

情商是一种品质,一种意志,一种精神。情商高的人无论遇到何等逆境,都会迅速调整情绪,恢复活力,坚持下去,具有很强的心理韧性。即使失败,也能重新崛起。

情商是一种能力,一种创造,一种技巧。面部表情是一种通用的情感语言,情商高的人善于领悟和体察别人的感受。在企业,往往"智商使人得以录用,而情商使人得以晋升"。

"人"的结构是一撇与一捺的互相支撑。独木难成林,这是大自然给我们的启示。人类靠了这种彼此支撑才得以穿越各种自然灾害的艰难险阻,走到文明的今天。在现代社会,善解人意,和美与共,与他人融洽合作,获得他人支持配合的能力,已经成为"情商"的一个突出优势。

如果墨分五色,那么还有第六种颜色叫明亮,让明亮照耀情商。

提高情商的主要方法有:

1、学会划定恰当的心理界限,明白什么是别人可以和不可以对你做的,以防范和避免别人对你心理界限构成伤害。

2、找一个适合自己的方法,在感觉快要失去理智时使自己平静下来,从而使血液留在大脑里,做出理智的行动。美国人开玩笑说:当遇到事情时,理智的孩子让血液进入大脑,能聪明地思考问题;野蛮的孩子让血液进入四肢,大脑空虚,疯狂冲动。

3、排除一切分散和浪费精力的干扰,保证时间和思想的聚焦。

4、找一个生活中鲜活的榜样,向其学习。

5、从难以相处的人身上学到东西。你定义的"难以相处的人",最终被证明可能只是与你风格不同的人,而对所谓的难以相处的人来说,你也是难以相处的。

6、经常尝试换一种不同的工作和生活方式,会使你拓宽视野,提高情商。人人都有自己的偏爱,如果可以选择的话,每个人都会选择自己偏爱的方式。然而,突破常规,尝试截然相反的行动会更有助于我们的成长。

雷鲍尔法则:在现代社会,若想融入别人的世界,就要牢记语言中必不可少的八句话——

1、最重要的八个字:我承认我犯过错误。

2、最重要的七个字:你干了一件好事。

3、最重要的六个字:你的看法如何?

4、最重要的五个字:咱们一起干。

5、最重要的四个字:不妨试试。

6、最重要的三个字:谢谢您。

7、最重要的两个字:咱们。

8、最重要的一个字:您。

这一法则,被称为"建立合作与信任的法则"与"交流沟通的法则"。

著名心理学家瓦特·米歇尔"软糖实验":老师在斯坦福大学的幼儿园一群四岁小孩的每个人面前,都放了一块软糖,对孩子们说:小朋友们,老师要出去一会儿,这软糖你们可以吃,也可以先不吃。等老师回来,吃了软糖的,就不再给了；没有吃的，老师再加一块软糖给他。待这些孩子们上了小学、初中，跟踪发现，能控制住自己不去吃软糖的，上了初中以后，大多成绩和合作精神都比较好；而控制不住自己的，却往往表现不够好。直至走向社会的表现，基本也是如此结果。

《三国演义》里的美男子周瑜，智商高，善用兵，年轻有为，毛泽东戏称"共青团员"。其33岁便做了大都督，一场火烧赤壁，烧制了他超群智慧和辉煌威望。然而他气量狭小，情商点低，结果36岁竟被诸葛亮三气而死。

三分做事七分做人。做事的三分就是智商，而做人的七分就是情商。美国普通推销员乔·吉拉德，充分运用和释放自己的情商，既推销他的产品，又推销他自己，仅三年功夫，就成了吉尼斯世界纪录的世界最伟大推销员。

克林顿当总统后，提出了知识经济。他说我们现在给一个人最高的奖赏是什么，不是分封土地，不是给投资机会，而是给你一把钥匙，一把开启未来成功大门的钥匙。这个钥匙是什么呢？奖学金。在他高情商和高智商领导下，美国经济持续发展，持续高速增长，创造了美国的奇迹。老百姓口袋装满的同时，也让他当满了八年的总统，其可谓功德圆满。

全球化,让人与人的联系越来越频繁和多元,越来越亲密和亲近。集体、团队在我们的生活中日益彰显出它的意义、价值与作用。

情商之光,总是在与他人的合作中闪耀出来。团队力量的聚合而迸发,团队胜利的交响与协奏,使情商的潜能得到有力激发,并获得更加广阔的施展空间。

许多获胜的例证揭示,成功往往不是个人奋斗的结果,而是赢在团队集体力量的整合。无论是"神舟六号"还是"嫦娥一号",都是个人所无法创造的,只能是团队的杰作。如今歌坛上,以"组合"命名和出现的团队演唱格外流行并颇受欢迎。

【案例品鉴】 一个人被允许到天堂和地狱旅行一趟。地狱里的人们围着一桌美餐,但一个个却骨瘦如柴,灰头土脸,因为4英尺长的餐刀使他们对美餐可望而不可及。而在天堂,同样的食物和餐刀,人们却容光焕发,欢声笑语。原来天堂里的人奉行帮助他人就是帮助自己的理念,相互用餐刀喂对面的人,于是大家都吃得幸福满足,健康快乐。

【案例品鉴】 在最后一圈距离中,只有超越拼命奔跑的克里斯·凯维特,罗格·班尼斯特才能获得冠军。班尼斯特竭全力,终于夺冠,并打破了世界纪录,成了国际明星。但有谁否认,这个新的世界纪录,是班尼斯特和凯维特共同创造的?!

有智慧的人才能发现别人的智慧。

拿破仑:"忠实的朋友是菩萨的化身。"

叔本华:"单个的人是软弱无力的,就像漂流的鲁滨孙一样,只有同别人在一起,他才能完成许多事业。"

比尔·盖茨:"大成功靠团队,小成功靠个人。"

有偈词云:"若言琴上有琴声,放在匣中何不鸣?若言声在指头上,何不与君指上听?"

韦应物有诗:"水性本云静,石中固无声。如何两相激,雷转空山惊。"

《楞严经》有曰:"虽有妙音,若无妙指,终不能发。汝与众生亦复如是。"

一人事,一人知,一人行,可谓独断专行;两人事,两人知,两人行,可谓合作无间;大家事,大家知,大家行,可谓众志成城。

一滴水,只有放在大海才不会消失,这是《圣经》上说的。《圣经》还说："我们虽非来自同一艘船，但是，我们却身处同一艘船上。"

其实，大海就是一颗硕大的水珠，自然又是无数无数的小水滴聚合构成。

一根蜘蛛丝纤细易断，然而万千条蛛丝网在一起，足以将一头猛兽牢牢束缚。

星星点点的荷叶，一夜间可以铺满整个池塘，这就是系统中隐秘的规模裂变的逻辑。

一支团队就是一个系统，而系统是一种力量，一种结构的力量，综合的力量，整合的力量。局部最优不代表整体最优，即使每一个零部件都达到10分，组装成的机器也不一定合格最优。即使一个决定成败的细节，也只能是全局中的一个细节，离开整体，这个细节就失去了意义。一个组织，一个有机整体，其每一个时空都充满了大大小小、息息相关、相因相果、丝丝连连的系统性的力量。让系统中各个方面和细节在"平衡"状态下实现绩效最大化，就是系统整合的原理。

诚然，强调整体功效之时，仍然不可忽略个体的存在。任何整体都是从一个点一个细节一个局部开始发育和改变的，也一定是通过最后一个点一个细节一个局部完成或溃败摧毁的。

《圣经》"创世纪"记载了这样一件事：诺亚领着他的后代乘着方舟来到一块平原上居住下来，他的子孙打算造一座通向天庭的通天塔以扬名显威。上帝知道后深为不悦，但他并非直接阻止，而是搅乱他们的语言，使他们无法彼此沟通。由于语言障碍，合作难以进行，通天塔的计划只能搁浅。大雁飞天，群翼共舞。大雁群体飞行，一大雁拍击翅膀时，会为后面制造上升气流；头雁疲劳时轮换到尾部，由另一只接替带领；后面雁鸣嘎嘎，给前面伙伴鼓舞。一雁若掉队，立即感到独飞的阻力，会迅速回到队伍当中；如有一雁生病或受伤掉队，会有两雁随它一起飞落地面，帮助保护。

谁都重要，谁都不重要，重要的是团队效应。

和为贵，和气生财，家和万事兴；中药百草调和，辨证施治，一剂药花草几味不等，一味药几钱不同，组合调配，功效神奇。一道菜需多种调料互补，才能聚成一种综合味道。

音乐有和声、和弦艺术，百种乐器各有各的声音，却可和于一调。而同一支乐队，可以奏演得激情与才华飞扬，也可以表现得毫无生气，杂乱无章，这不仅要看那支指挥棒操纵在谁的手里,更要看乐手之间的配合默契程度。

2014 年巴西足球世界杯,德国战车在绿草坪上纵横驰骋,碾过阿根廷队的防线夺冠,凭借的就是团队的力量。

与狼同行:狼的特性总是叫人神往迷恋。任何一种新鲜事物,都会激发起狼的好奇与兴趣,决定了狼族始终洋溢生机与活力。

静如处子,动如脱兔。狼的嗅觉可以捕捉到 2 公里外的信息,并以每小时 60 迈的速度去猎捕。

狼的执行力和意志力都很强,它们把全部精力都集中在锁定的猎物目标上,虽然捕获的成功率只达 10%,也从不言败,执着而坚韧。

狼十分看重亲情,复仇情绪与责任感一样强烈。狼的位置意识极强,百狼行进而排在末尾一只,除了忠诚于首领之外,也十分尊重第 99 只狼。正如有人这样评价狼,每一匹狼都有自己的声音,但同时又尊重其他狼的声音。

狼族释放的优特品行,被引借到企业,成为许多企业兴盛的法宝。所以 LPG 董事局主席乔治·罗斯感触深切地说,利用野狼作为个人组织纪律的象征,不仅可以学到处事方法,更可以在学习过程中,享受宛如处身荒野、与狼共舞的奇妙体会。

海尔集团董事局主席张瑞敏对狼的某些特性作了提炼和概括,并引为商战的借鉴:其一,不打无准备之仗,踩点、埋伏、攻击、打围、堵截,组织严密,很有章法。其二,选择最佳时机出击,善于保存实力,麻痹对方,突然出击,置对方于死地。其三,战斗中的团队精神,协同作战,为了胜利不惜粉身碎骨,以身殉职。其四,永不言败,哪怕是瞎了一只眼,断了一条腿,狼依然是狼。

第五章　百变思维

水路不通走旱路,条条大路通罗马。

合纵连横。围魏救赵。

打破水平思维、纵向思维、惯性思维、被动思维。代之以主动、逆向、侧向、垂直、横向、曲向、环向、迂回、变通思维。穷则变,变则通,通则达。

古钱币的启示:内方外圆。遇事要善于融通、圆通、贯通、变通。

人挪活树挪死。随机应变信如神。

两点间距离不一定直线最短。

别人都往前走,而你却向后退,或转身于侧面,不失是一种变通与创新,就会走出一片崭新天地。

23　　全球思维

　　20世纪末发轫的全球化,腾波激浪,飞流直下,地球日益被拉平在一条高速公路上。万国一域,千年一时;竖看一条线,横看一张网,成为当今世界的一幅漫画像。

　　新一波的全球化正在抹平一切疆界,平等与合作成为一种通行的美好礼仪。

　　全球化真切地表现为"扁平化",《纽约时报》专栏作家托马斯·弗里德曼概括为"世界是平的"。他把全球化划分为三个阶段。"全球化1.0",主要是国家间的融合和全球化;"全球化2.0"是公司之间的融合。第三个阶段是21世纪开始的"全球化3.0",世界已经发生了"质的变化",个人已成了主角,肤色或东西方的文化差异不再是合作和竞争的障碍。世界各地的人们可以通过因特网实现自己的社会分工。"世界开始从垂直的价值创造模式(命令和控制)向日益水平化的价值创造模式转变"。

　　全球化就像功率巨大的推土机,将原有的权力和资源平台一一推平。所有过去站在权力平台各个阶梯的国家、机构、公司,逐渐发现阶梯已经不再存在,大家都一起站在同一条地平线上。

科技发展,尤其是电脑的普及和经济转型的趋势,标志了人类社会全球化的出现。世界每一个角落都联系成一个紧密的网络。其意义在于:一是风阳光土地天空,把分布在天涯海角事物,连成一个整体,"风告诉它们彼此间的距离"。二是人类社会关系化,结构成一张宏大的网,有分网,子网,我们活在这些网上,像一网打尽的蜘蛛。三是世界缩影在一张互联网上,人们在互联网上,交互往来,天涯咫尺,距离已经消亡,地球成了一个村,一道巷,一条商业街。

美国爆发的次贷危机,连锁反应,殃及许多国家,像多米诺骨牌效应。

万里通秋雁,千峰共夕阳。青山一道同云雨,明月何曾是两乡。法国作家罗曼·罗兰站在人类的高山之巅放歌:自由的人类是我的祖国。各大民族是这个祖国的先行者。而公共的财富则是天上的太阳。

从摩西的神谕、基督的天国、柏拉图的理想国、空想共产主义的自由公社,到形形色色、林林总总的"人文"旗号,都是探索"世界大同"的理论和实践。人为的国界线正在褪色和风化,人类文明的融合已成为国际流行色。"地球族"

"地球人"的徽章,将佩戴在每个世界公民的胸前。肤色、语言、习俗和血统渐渐退至次要位置,"世界大同"的理想使世界人民的手紧紧地挽成一道最动人、最珍爱的彩虹。

美国刘易斯·托马斯《细胞生命的礼赞》:站在月亮上远望地球,让人惊讶得敛声屏气的是,它活着……看上去,地球就是一个有组织的、自成一体的生物,满载着信息,以令人叹慕的技巧利用着太阳。

一粒流沙,一撇小草,天各一方,恍如隔世,而阳光和风会把它们之间透明的空旷,翻译成生死攸关的亲密。"在看得见的地方,我的眼睛和你在一起。在看不见的地方,我的心和你在一起"。

联合国教科文组织国际专家小组在《多种文化的星球》的报告中呼吁:我们属于一个物种,一个大家庭;无论自然界的或人类的,要生存和发展下去,它们之间的相互影响就必须协调起来。如果这种关系是协调的或者已协调好了,一个新的秩序便会出现。……在人类世界,再高的一个发展水平便是全球性的了。

黑格尔站在哲学的云层说:"个人作为时代的产儿……他只能在他自己的特殊形式下表现时代的实质——这也是

他自己的本质。没有人能够真正超出他的时代,正如没有人能够超出他的皮肤。"

英国诗人作家邓恩正:"任何人都不会是一个自给自足的孤岛,一个个的人组成了人类这个辽阔广袤的大陆……每一个人的死亡都要使我受损,因为我是人类的一分子。因此,永远不要乞求为他人敲响丧钟,要知道,那丧钟也会为你而敲响。"

辜鸿铭:"文明的无限融合便是文明的最终消失。"

全球化不等同于一元化,鲁迅的"现在的文学也一样,有地方色彩的,倒容易成为世界的,即为别国所注意",之所以被演绎为"越是民族的,越是世界的",并像"地球原来是一个村庄"一样广为传播,就是包含了人们对文化多样化的渴求,企盼与呼唤。

古希腊哲学家赫拉克利特的手里持着两把尺子,一把是事物的运动变化:"人不能两次踏入同一条河流","我们走下而没有走下同一条河流,我们存在而又不存在"。另一把便是对立统一:和谐产生于自然界事物的对立。由联合对立的事物造成和谐,而不是从相同的东西产生和谐。(但其将矛盾的对立冲突极端化,崇拜战争为万有之父、万物之王。)

生物学警告：单一的品种无法生存于世。拿同个印章去盖所有国家和地区的土地，绝不会有人答应。谁都没有权力将自己的好恶，推及强加于他人。人各有志，不得强勉。己所不欲，勿施于人，己所爱欲，也勿施于人。《庄子》有故事启发：一个叫"混沌"的中央之帝，全无什么口耳目鼻大众器官，南海之帝"倏"与北海之帝"忽"，念混沌之好，以"人皆有七窍，以视听食息"立论，硬是为其日凿一窍，混沌七日便死。

"佛以一音演说法，众生随类各得解"；"佛以一音演说法，众生各各随所解。"互联网开辟了个性化焰火一般充分释放的空间，《第三次浪潮》的作者托夫勒据此预言："不再有大规模生产，不再有大众消费，不再有大众娱乐，取而代之的是个性化生产、创造和消费。"

"物之不齐，物之情也"。文似看山不喜平，扁平世界与平庸文章一样，毫无诗意。狄德罗像给孩子们上课，说得简单明白，"自然是元素的组合"，元素就是异质物质。全球化内涵应当包括多元化，多面化，多极化，多维化，多样化，多向化，多态化，多彩化。否则，全球化就会走向人们良好愿望的反面，演变成一个背离人类意志的短命畸形物。

斯宾格勒批判的锋芒直指西方文明："诸多伟大的文化

都被设定在环绕着我们西方文化的轨道上运行，我们则是假想的世界万事万物的中心"。"欧洲文化在与之相对的其他文化面前没有任何优越地位可言。印度文化、巴比伦文化、中国文化、埃及文化、阿拉伯文化、墨西哥文化，它们各自都是动态存在的世界。从分量上看，它们在历史的一般图景中的地位同西方文化是一样的"。"我看到的并不是凭空杜撰的唯一的线性历史，而是若干伟大的文化所上演的历史戏剧。每一种文化都带着原始的力量从本土的土壤中生长起来，并终其一生牢牢地固守于此。每一种文化都在自己的形象里打上自己的资源（即人民）的烙印，每一种文化都有自己的理念，自己的激情，自己的生活、意愿、感受以及死亡……这些文化、民族、语言、真理、神祇和景观就像橡树和石松的花朵与枝叶一样繁盛和衰老。每一种文化都有自我表现的新的可能性，它们产生、成熟、衰落……这些文化——纯化的生活精髓——像田野中的花一样无目的地生长。它们如同植物和动物，属于歌德的生机勃勃的自然，而不属于牛顿那个死气沉沉的自然。"

亚当·斯密被尊崇为世界经济学之父，其发现的"看不见的手"被奉为经济学永恒的基本原则，"皇冠上的明珠"。

事实上,《国富论》和《道德与情操论》合在一起,珠联璧合,才是完整的亚当·斯密。其在后者里说:"维持个体的生存和繁衍",应该成为"天性的两个宏伟目标"。"如果某个地方社会兴旺发达并令人愉悦,那里必定充满了互帮互助,那是出于热爱、感激、友谊和尊敬而产生的结果。通过爱和感情,所有不同的社会成员联结在一起,用这种令人愉快的纽带,把众人带到一个充满善意的公共中心"。

《尚书》曰:"协和万邦。"没有答案告诉我们,岁月燃放有多少种色彩;但我们相信:历史绝不会一种美丽,太阳绝不会一色光芒。同一个大世界花坛,引无数小世界花卉共生共荣,竞相呈现。全球化或是大同世界,无论怎样想象与描绘,其核心愿景应趋一致:人人平等的美好生活;人的个性尽情展现;不同民族自由而充分保持自己的民族特色;人类在最大时空象限睦邻和美,同舟共济。——多姿多彩的全球化,一定是人类向往的大同世界,那便是追逐多样性与和美性统一的未来——多样性就像各国的国旗异彩纷呈,和美性即是人们呼吁建立的世界新秩序。

全球化语境:打破时间壁垒,拆除空间防火墙,拥有文化的敏锐性;心态的开放性;见识的广博性;全局的思考性;

综合的变通性。

全球化语境下的跨国企业遵循一条定律：全球化链条定律，即追寻在商业价值链上互为客户，竖看一条线，横看一张网的商业环境观。

从中国象棋与国际象棋的比较中，感受思维全球化的意义。中国象棋中的兵永远是兵，没有晋升的空间，虽然过了河可以当车，但沉到底的卒子便没有价值了；而国际象棋中的兵却坚持到最后可以升变成任何更强的棋子。中国象棋中的马会别自己的腿，而国际象棋中的马不仅不别自己的腿，也不别他人的腿。中国象棋中的象不能过界河，而国际象棋中的象却没有楚河汉界。中国象棋中作为王的将只能在九宫之内，而国际象棋中的王却可以在全盘自由移动。中国象棋中的炮可以跳跃式前进，跳跃式思维，国际象棋中没有。

20世纪有三件事将被记住：相对论、量子力学和混沌理论。

混沌理论割断了物理学的基本原则。混沌思维的定义：看起来遵从确定规律的事物也会显现超乎想象的繁复多样，只要有些微的条件差异，就会导致令人瞠目结舌的不同结果。

"这里是一枚有正反面的硬币，一面是有序，其中冒出随机性来；仅仅一步之差，另一面即是随机，其中又隐含着有序。"

有这样一部科幻小说：多少年以后，人类开始移民月球。开拓者携带先进设备、必需的工具，还有各种植物和牲畜甚至小小的蚂蚁。几年后，距地球38万公里之遥的"生物圈"内，植物繁殖效率低下，动物食不饱腹，影响到人类的生活。原因查明：是当初忘记带蜜蜂了。

生物链维系着自然界的平衡，一个物种的缺席，将引发整个自然界的失衡与倾斜。

秋风灿烂吹起。

翅膀说，我要飞了，说罢，就飞上了天空。

叶子说，我也要飞了，说完，就飘到了地上。

翅膀说，跟我来吧，天空布满了云朵和飞翔。

叶子说，不，大地就是我的天空。

24 变通思维

河流的启示：遇山则绕，遇坝则跳，遇平原则漫，遇网则穿,遇闸门则待——等待时机。方向不改,方法变通。勇于放弃,善于舍得,人生在选择中好比艺术,于取舍处见高明。

威廉布里奇斯:没有人喜欢失去,所以在面临转变时人们总是希望能够把自己之前拥有的东西全部带入下一个生命阶段。可是他们却不懂得在生命的某个时刻,放弃才是唯一的选择。生命中前一个阶段的发展目标,在下一个阶段就会成为一种负担。

三只苹果,若留于自己吃,只能吃到一种滋味;若是与拥有梨和桃的人交换,就会获得三种水果的丰富体验。

山高写不出,以烟霞写之。

如何使一条线变短?划一条长线在它的旁边。

张维迎竞争理论:不回避竞争,而且要善于学习对方,并将其比下去。

侯宝林问华罗庚:什么情况下 2 加 3 等于 4?见华罗庚答不上来,侯宝林笑着说:在数学家喝醉了的情况下呀!

月亮的行走,可以通过花影的移动看到:月移花影动,疑是玉人来。

希腊神话介绍海伦的美丽,避开正面语言的描述,而选择了迂回侧面的例证:为争夺海伦,特洛伊王子与斯巴达国王拉开了十年的战幕。后有一批长者站出来调停,说为一个女人而打十年的仗,有点太不值得了!话音未落,走出了海伦,长者们一瞧,一个个傻了。海伦走远了,他们才醒过神来,不禁慨叹说,嗨!这场战争打得短了,看来,至少还得再打十年!

我曾经在一篇小说里这样描述一个村长的"威风":突然间,村里街街巷巷蹿出十几条狗,它们争先恐后地扑叫,吓得我们纷纷都躲到了村长的背后。村长脱颖而出,像明星一样灿烂耀眼。这时,所有的狗一下子整齐地安静了下来,没有一个大声出气的,都卧在街道两旁,争相向村长献上殷勤谄媚的目光。

【案例品鉴】 古代有一位朱氏,以善"忽悠"闻名,另一位汤氏则不信。一天,汤找到朱说,你能诱我出到门外,我算服你。朱说,今日户外风寒,你必不肯出去。这样吧,你先站到外面,我从室中诱你。汤欣然答应,遂走到门外说,开始诱吧?朱笑道:我已诱你成功。

《孟子》:人问:"嫂溺,能否授之以手?"孟子回答:任何女子都要救,何况嫂子,否则就是野兽。

一个小姐求两个和尚背她过河,小和尚假装没听见跑开了,老和尚无奈只好把她背过去。晚上回到庙里,小和尚问老和尚:师傅,你怎么可以背小姐过河呢? 老和尚回答:"我背过河去就把她放下了,你怎么到现在还没有放下?"

学会弯腰,学会低头。弯腰和低头是暂时的一种妥协,是一种灵活变通的艺术。好汉不吃眼前亏,识时务者为俊杰。人在屋檐下,不得不低头。韩信忍受胯下之辱,心中默念:君子报仇十年不晚。

当老虎向你扑来,你不低头闪过,就会为老虎打了牙祭。当大风吹过,弹性脆弱的树枝和反应迟钝的小草就会折断。而聪明的树枝和小草由于懂得和运用弯腰低头的艺术,先弯成一弧流线,当大风滑过再挺直起腰板来。

既不能总低头,又不可总是一种昂首姿势。低头实为昂首,重要的是明白和善于掌握何时低头,这就是艺术。要了解自己,了解大风,明白自己与大风之间的力量对比,清楚自己的抗衡能力。即使大风来的时候也要乐观自信,因为毕竟大风的肆虐不会长久。

春秋战国时,一食客回答孟尝君说:我没有什么特长,要说有,那就是随机应变。

刘备与曹操煮酒论英雄, 当曹操试探刘备有无雄心而说道,如今天下唯你我二人可谓天下英雄时,天空滚过一声响雷,刘备乘机将手中筷子掷于地下,并装作惊惧的样子,使曹操放松了警惕,刘备遂躲过一劫,被后人赞为"随机应变信如神"。

奥斯本——头脑风暴法发明者:对一个表面的结果,我们应该思考——也许它正是原因吧。对于一个所谓的原因,我们就要思考——也许这个原因就是结果吧。对于原因和结果,人们能做些什么呢?我们将其颠倒一下会怎么样?这类次序问题可能会成为设想的源泉,事实上,我们始终不能确切地知道何为原因,何为结果,我们甚至不能肯定是先有鸡还是先有蛋。

写文章的法度在于,既讲文法又不拘泥于此,重在善变融通:"第一是立意要紧","新奇为上"。《红楼梦》第48回:黛玉对香菱说:诗"不过是起、承、转、合,当中承、转,是两副对子。平声的对仄声,虚的对实的,实的对虚的。若是果有了奇句,连平仄虚实不对都使得的。"香菱:难怪看旧诗有工对有不对的,一三五不论,二四六分明,有顺有错的,"原来这些规矩竟是没事的,只要词句新奇为上。"黛玉:"正是这个道理。词句究竟还是末事,第一是立意要紧。若意趣真了,

连词句不用修饰,自是好的:这叫作'不以词害义'。"香菱:
"我只爱陆放翁的'重廉不卷留香久,古砚微凹聚墨多。'"黛
玉道:"断不可看这样的诗。你们因不知诗,所以见了这浅近
的就爱;一入了这个格局,再学不出来的……我这里有《王
摩诘全集》,你且把他的五言律一百首细心揣摩透熟了,然
后再读一百二十首老杜的七言律,次之再李青莲的七言绝
句读一二百首;肚子里先有了这三个人作了底子,然后再把
陶、应、刘、谢、阮、庾、鲍等人的一看,你又是一个极聪明的
人,不用一年的工夫,不愁不是诗翁了。香菱:我看他《塞上》
一首,内一联云:'大漠孤烟直,长河落日圆'……这直字似
无理,圆字似太俗。合上书一想,倒像是见了这景的。要说再
找两个字换这两个字,竟找不出两个字来。再还有'日落江
潮白,潮来天地青'。这白青两个字,也似无理。想来,必得这
两个字才形容的尽;念在嘴里,倒像有几千斤重的一个橄榄
似的。还有:'渡头余落日,墟里上孤烟。'这余字合上字,难
为他怎么想来! 我们那年上京来,那日下晚便挽住船,岸上
又没有人,只有几棵树,远远的几家人家做晚饭,那个烟竟
是青碧连云。谁知我昨晚上看了这两句,倒像是又到了那个
地方去了。"宝玉:"会心处不在远,可知三昧已得。"黛玉:

"拿陶渊明的'暧暧远人村,依依墟里烟',上是从依依两字化出来的。"

清朝末年的一天,湖广总督张之洞与谭嗣同父亲、湖北巡抚谭继洵在长江边上的黄鹤楼相遇,由于二人相互不服,于是就长江江面的宽窄发生争执。谭说是五里三分,在一册书上看过;张却说是七里三分,有据可考。最后将当地县令召来让他仲裁,说个明白。县令见状,颇感为难,但他忽然眉头一皱计上心来,不慌不忙地说,江面水涨时宽七里三分,水落时则为五里三分,二位大人都说得没错。(《清稗类钞》)

25 综合思维

综合思维,是一种宏观、全景而立体的思维,通过对事物的整体进行分析以达到对事物整体的把握。综合思维是多种思维方法在思维活动中的全息式整合,是人脑综合运用多种思维方法的创造性思维过程和思维方式。综合思维以唯物辩证法的系统观为哲学基础,兼收并蓄现代系统理论。

综合思维把外在客观事物看作多种要素相互联系、相互作用的有机整体;综合思维是多角度、多途径的全息而系统思维;综合思维是超越时空、大范围、大跨度的想象组合与思维想象的飞升。

综合思维非链条状,而是星系态,网络状;非线性与条状性,而是多向性,多项性。就像云冈大佛的微笑,32 相,80 种好。还有蒙娜丽莎的微笑,一笑多解,一笑多义。其特点在于:宏观透视,参照背景,联系周边,系统整合。

驾驶舱内,掌握车况路况的信息,都来自汽车仪表盘:车速、油料、水温数据操控。

360 度观测事物发展变化,全方位收集反馈信息。灵活变通,突破拘泥,随机应变信如神。

世界观、人生观、价值观"三关",可称之为一个人的总开关。

没有一件事情是平面和线性的,因为地球是圆的。

太阳和月亮包括无数星辰,都不可能同时将地球照得通体明亮,因为地球是 360 度的球体。

特别是互联网思维带来一系列崭新的变革:传统的广告加上互联网成就了百度,传统的集市加上互联网成就了淘宝,传统的银行加上互联网成就了支付宝,传统的红娘加上互联网成就了世纪佳缘……

一线的信息与后台的监控日益扁平化，包括监控管理越来越可视化。社会化营销和大数据驱动的精准营销将成为未来主流趋势，而免费经济的期待与愿景正在化为现实。职业逻辑面临新的改变：一切职业都将互联网化；一切品牌都将人格化；一切消费都将娱乐化；一切流行都将城乡一体化。更有云市场、云计算、云商业……可谓云霞万朵，云海旖旎。

彼德·德鲁克："每当你看到一个成功的企业，必定是有人做出过勇敢的决策。"而一项统摄全局的决策，牵一发而动全身，一定是宏观的、战略性的，因之，必须运用综合思维。

雅芳集团 CEO 钟杉娴："雅芳不应该只是个推销口红产品的销售商。它要做的还应该是成为女性所需求的一切物品的源泉。"

让思维立体和旋转起来。

一场战役必须服从整体战争。为长远之计或全局之胜，有时需要放弃短时的一城一池所得，或牺牲局部利益。放长线钓大鱼。风物长宜放眼量。

楚汉之争，刘邦以一步步战术的失利把项羽推向垓下之亡,从而取得战略的最终胜利。

月亮从来就是那样丰圆光照,阴晴圆缺是我们目光的局限。

尼葛洛庞帝:电话系统是星状网络,电话线从一个固定点放射出去,就像华盛顿或巴黎的街道一样。有线电视是环状网络,就像圣诞树上的彩灯一样,串联起一户户的人家。

有些人只看到事物的表面,他们问的是"为什么",而我却想象事物从未呈现的一面,我问"为什么不?"(乔治·萧伯纳)

思考时像一个行动者,行动时像一个思考者。让行动的思考与思考的行动统一起来。

如果不能用物质为我们的人民扩大机会的话,一切物质的丰裕对我们都毫无意义。

——肯尼迪

为什么总是徘徊于是与不是间?总是非此即彼?为什么不可以彼此,或彼与此?

蜜蜂之歌:博采百花香粉,酿成一家甜蜜。

王国维将前人诗句优化组合,打造成著名的成才三境说。我也曾经将古诗句组成励志的诗篇:燕雀安知鸿鹄志,飞鸿那复计东西。不畏浮云遮望眼,长风破浪会有时。

在一件事物里注入或插入新的元素，使之展现新的面貌。金嗓子喉宝是糖果还是保健品？采乐是药品还是化妆品？脑白金是保健品还是礼品？

上海精神:海纳百川,追求卓越。全国许多城市,都可在上海找到自己的名字——道路的命名,像回到自己的家。

强强联合,彼此兼容,就会产生化学反应那样的效果。马车,就是马和车的组成。将两种不同事物组合一起,是常见的创新的方法之一。比如用纸来做衣服,就突破了围绕面料做文章的思路,纸衣服新颖出奇,叫人眼睛一亮。

【案例品鉴】 在一次盛大宴会上,中国人拿出茅台酒,俄国人端上伏特加,德国人取来威士忌,意大利举起香槟,法国人启开红葡萄,而美国人将各种酒兑一点说,这是我们美国的酒,叫鸡尾酒,它体现了美国人的特点:通过组合,实现创造。

【案例品鉴】 全美最受赞赏公司之一的星巴克,其创始人舒尔茨的咖啡精神成了一种全球文化。舒尔茨小时候因父亲受伤失业而陷入极度贫困,但他却因而发愤图强。他发现人们需要有一处不受骚扰的聚会地点,一个工作和家庭之外的"第三空间"——心灵的栖所,于是将意大利式咖啡移植到美国。他改用"雇佣"一词为"合伙人",让合伙人都享有股权。在他的词典里,每个人非零部件,而是独立的个体,他们既需自我价值的肯定,又需经济手段养家。他把人的激情和贡献视为第一竞争优势。他创建了全世界唯一自募资金,将医疗保险健康福利覆盖兼职人员的公司。他的商业哲学是每个公司都代表某样东西。他坚持始终如一的原则,不管怎样创新与发掘企业的潜在价值,但星巴克优质咖啡极其新鲜烘焙原颗咖啡的原则永远不变,因为这是星巴克的精神遗产。他说:眼睛看不见的对你才是最重要的,我必须尽一切努力,以使自己配得上生命的所得。

26 发散思维

《岸》(袖珍小说):

大河东流,浩浩荡荡。

智者站在岸上,问身后众弟子:世间有多少种岸?

秦:一河两岸。

楚:不,还有船,船是河流的第三条岸。

齐:桥如船,桥便是岸。

魏:河流本身即为岸。

赵：佛说，回头是岸。

韩：其实每个人都是岸，每个人的心既是河，又是岸。

晋：岸是远方。我们每一天都朝着远方、未来和希望的金色之岸走着。

……

智者将目光之网收拢回来，撒向一望无际的广袤，口中默念：

天无尽头空作岸，

地有始末道为心。

大河东流，浩浩荡荡……

美国心理学家吉尔福特：思考范围不断向外扩散叫发散式思维；一直不断向内收缩聚焦问题，缩小思考范围，叫聚敛式思维。

发散思维的特点是思维的触须向四周延伸，放射。像礼花在空中绽放，像树冠让每一根枝条都指向蓝天和太阳。

中国和美国曾互派教育考察团，最后结论相似：26年后领先科学将在中国，因为中方学生学习刻苦，遵守纪律；美国学生散漫，贪玩，随便。然而，25年后，美国获诺贝尔奖的多名，而中国却空缺为零。

用神话与童话启迪发散思维。神话是民族的梦想，没有神话，人类社会就没有梦想；而童话，则是小孩的梦想。

神话是过去曾经发生过的事情，童话是未来将要发生的事情。

一学生问：上帝是谁创造的？问得天真而深刻。正所谓万法归一，一归何处？

【案例品鉴】 老师正在解释成语"掩耳盗铃"，忽然看到一个小学生举起了手，就问有什么事，学生说，老师，这个成语有问题。成语还能有问题？老师诧异。学生说，一个人用手捂住耳朵，是无法盗铃的。老师用两只手捂一下耳朵，脸一红，不知该怎样回答。

笔直的箭，只有搭在弯弓上才能找到飞射的力量。

成语有欲扬先抑，欲取先予。起跑下蹲，爆竹起跳，枪炮发射，都是通过后坐缓冲，以获取前行的力量。

在每一条路的拐弯处，都有意想不到的风景。节外生枝的可能性，贯穿于一个事物的全过程。

有一则香皂广告：人越清洁，离上帝越近。

卡夫卡的思维发散而独特，如："在巴尔扎克的手杖柄上写着：我在粉碎一切障碍。在我的手杖柄上写着：一切障碍都在粉碎我。共同的是：一切。""我虽然可以活下去，但我无法生存。""把握这种幸福，你所站立的地面之大小不超出你双足的覆盖面……"卡夫卡对医生说：杀了我吧，不然，你就是凶手。

树上有 10 只鸟，开枪后还剩几只？要想到可能是一支无声枪；或可能有的鸟属于耳聋。

有一种风，不是西风、东风、南风、北风，却包括了东南西北风——旋风。

德国商人亨利·谢里曼童年迷醉于《荷马史诗》，并立志投身考古事业。考古研究需很多钱的投入，而他家境贫寒。于是他曲线前进，先后做过学徒、售货员、银行信差，后在俄罗斯开了一家私人商务办事处。他把各种工作赚来的钱，投到特洛伊城的挖掘中，最终挖出了两座爱琴海古城：迈锡尼和梯林斯，成为发现爱琴文明的第一人。

商业天才希尔顿发誓：我要使每一寸土地都生长出黄金来。他将购买的纽约一家宾馆大厅中央毫无实际意义的四根通天圆柱，用透明玻璃改造成别致的展箱，使之从上到下散发出商业意义，引得珠宝商和香水制造厂家若蝴蝶般飞来包租。正是点石成金，化腐朽为神奇。

百变思维

　　一次时装会上,由于时间紧迫,有的衣服没有完成,设计者忽发奇想,干脆让模特披了一块块布料上场,遂获得了创意奖。

　　纪晓岚曾为朋友婚礼赋诗:娶的新娘不是人,九天仙女下凡尘。生下儿子是个贼,偷来蟠桃献母亲。
在春天的洞房里,石头都想做一个新婚的梦。

　　《桃花源记》:"渔人甚异之。复前行,欲穷其林"(一境:创业决心);"初极狭,才通人"(二境:艰辛);"复行数十步,豁然开朗。土地平旷,屋舍俨然"(三境:柳暗花明)。

　　《野狐禅》中百丈和尚经云游僧人醍醐灌顶,遂解除狐狸形还原僧人身并幡然醒悟:不被因果蒙蔽,不受一事一物拘泥,智慧跳出非此即彼怪圈思维,大胆寻找第三和更多种可能,既不向左转,也不向右走,而是向上行……在三维世界,没有单一平面之物,任何事物都以多面形式存在,即如硬币,正反双面呈现之外,尚有一边圆周平面映照世界。

　　郑板桥:难得糊涂——从糊涂到聪明难,从聪明到糊涂更难。同样是糊涂,却并非平面的重复,而是两个层级的螺旋式上升。

　　【案例品鉴】　哈姆伊柔软香甜的波斯威化售不出去,

而旁边卖雪糕的却供不应求,还跑来向他借碟子用。他忽发奇想,把威化卷成一个筒状来装雪糕,这样雪糕看起来更迷人,于是创造了全世界对雪糕的爱情。就像一匹马和一辆马车,这是天堂上的婚姻。

《谁动了我的奶酪》一书畅销全球,被花旗银行、可口可乐等国际公司当作员工教材读本。奶酪作为寻找的目标,一部分人找到第一个奶酪点之后,就满足现状,坐享其成。而另一部分人却继续寻找下一个奶酪点。前一部分人奶酪吃完后,开始饿着肚子幻想,深陷于"只有一个奶酪点"的怪圈中,不能自拔,而后一部分人却不断找到更多的奶酪。在前一部分人眼中,奶酪是"猝不及防"被"偷走"的,后一部分人却把眼光放在远处,永远有奶酪吃。生活中,理想和成功不仅像"奶酪",需要一个接着一个去实现,而且解决问题的路径也像"奶酪",曲径分叉,条条大路通罗马。

【雅文品赏】 美国现代诗人史蒂文斯《观察乌鸦的十三种方式》:

1、周围,二十座雪山 / 唯一动弹的 / 是黑鸟的眼睛。

2、我有三种思想 / 像一棵树 / 栖着三只黑鸟。

3、黑鸟在秋风中盘旋 / 它是哑剧中的一小部分。

4、一个男人和一个女人／是一个整体／一个男人和一个女人和一只黑鸟／也是一个整体。

5、我不知道更喜欢什么／是变调的美／还是暗示的美／是黑鸟啼鸣时／还是鸟鸣乍停之际。

6、冰柱为长窗／镶上野蛮的玻璃／黑鸟的影子／来回穿梭／情绪／在影子中辨认着／模糊的缘由。

7、奥，哈达姆瘦弱的男人／你们为什么梦想金鸟／你们没看见黑鸟／在你们身边女人的脚／走来走去？

8、我知道铿锵的音韵／和透明的、无法逃避的节奏／但我也知道／我所知道的一切／都与黑鸟有关。

9、黑鸟飞出视线／它画出了／许多圆圈之一的边缘。

10、看见黑鸟／在绿光中飞翔／买卖音符的老鸨／也会惊叫起来。

11、它乘一辆玻璃马车／驶过康涅狄格州／一次恐惧刺穿了他／因为他错把／马车的影子／看成了黑鸟。

12、河在流／黑鸟肯定在飞。

13、整个下午宛如黄昏／一直在下雪／雪还会下个不停／黑鸟栖在／雪松枝上。

《易经》："易，逆数也。"所谓换位思维，就是站到相反的对面,逆向地来思考和分析问题。其特征是目标导向,目标倒推。顺藤摸瓜,沿瓜寻藤,如倒计时计算方法。

站在今天回首过去,或者从昨天推导今天,与站在未来回望今天,从未来逆推今天,是两种不同的思维,其结果必然是两个差异的世界。

逆向和换位思维,催生了一系列奇迹般的发明,如电梯、与高温杀菌相反的冷藏工艺、与升空火箭相对的钻地火箭和潜水破冰船等。

我们都有这样的拍照体验,当拍照者喊一二三咔嚓一声时,往往眼睛一眨,照片洗出来一看,不是眯眼睛,就是闭眼睛。而先把眼睛闭住,听拍照者倒着数三二一,忽然睁开,就达到了满意的效果。

【案例品鉴】 美国爱迪生用一根短针,检验和调试电话送话器传话膜的震动,发现当短针接触到传话膜,随着电话传来声音的变化,传话膜便产生一种有规律的颤动。如果倒过来,使针发生同样的颤动,岂不可以将声音复原甚至贮存起来吗?这便是留声机发明的思维背景。

【案例品鉴】 速算专家史丰收读小学二年级时,一次听老师讲数学,忽发奇想:为什么数学演算一定要从右到左、从低位数开始呢？于是他试着从左到右、由高位开始计算，创造了驰名中外的史丰收速算法。

风大，走一步退两步，于是倒过来走。

欲扬先抑，欲取先予。插秧后退却向前。

写文章时心中已有对象或已作预测，并常用倒叙手法。

现在是过去的延续，未来是明天的现在。昨天导致今天，未来决定现在。历史因今天而鲜活，今天因历史而有根。让历史活在今天的霞光中，让今天风采在历史的照耀下。

盲人打着灯笼行走，可以给别人一个明亮的提示。

若要公道，打个颠倒。

孔子："己所不欲，勿施于人。"

老子曰："反者，道之动也。"

佛说："颠倒众生。"

老吾老以及人之老，幼吾幼以及人之幼。

知己知彼，百战不殆。

《庄子》："昔者庄周梦为胡蝶，栩栩然胡蝶也，自喻适志与，不知周也。俄然觉……不知周之梦为胡蝶与？胡蝶之梦为周与？"

生活中送人远行，我们总是祝其"一帆风顺"。尼采说：

"如果你低估一个水手的能力,那么你就祝他一帆风顺吧。"

【案例品鉴】 一个女孩,发现男朋友在生活中有点困惑和迷惘,便问他,五年后你想做一个怎样的自己?小伙子愣了一下说,我还没有想过,容我想好以后回答你。过了几天,小伙子找到女朋友说了自己的理想。女朋友非常支持他,并帮他开始设计"五年规划"。经过一番苦斗,三年后,这个小伙子就成了一个小有名气的私企老板。

非洲有一个民族,其计算年龄的方法独特,婴儿一出生,就被算作 60 岁,之后逐年递减,直至 0 岁。

南非有一个古老的小村庄叫巴贝姆村,保留了一个古老的传统,如果有人犯了错误,或做了对不起别人的事情,全村人就会把他团团围住,每个人一定要说出一件这个人做过的好事,或者是他的优点,而不是批评或指责。犯错的人站在那里,一开始心里忐忑不安,直至被人赞美得痛哭流涕。赞美是人际关系融洽的法宝。需要赞美,是人性的秘密。这种表扬愈具体愈能达到鼓励的目的,被称为波什定律。

张瑞敏:基层员工告诉我的,通常就是我正想解决的问题。从而利用职工反馈的信息调节企业的管理。

由所结的果子,便可认出他们来。(《圣经》)

新疆民歌:"好像苹果到秋天。"

"在别人止步的地方起步。"

"急管繁弦又一时,千门杨柳破青枝";"晓寒料峭尚欺人,春态苗条先到柳"。

"人老簪花不自羞,花应羞上老人头"。

"草书三天不认主。"

"用一生的时间去忘记一个人",足见这个人留下的印记之深。

90%以上的进球是由于对手的失误导致的。(足球皇帝贝肯鲍尔)

> 清竹一枝数点绿,
>
> 淡梅两朵印几痕。
>
> 窗外谁言人养花,
>
> 料你未解花养人。

郑板桥"胸有成竹":江馆清秋,晨起看竹,烟光日影露气,皆浮动于树枝密叶之间。胸中遂勃勃有画意。其实胸中之竹,并不是眼中之竹也。因而磨墨展纸,落笔倏作变相,手中之竹又不是胸中之竹也。总之,意在笔先者,定则也;趣在法外者,化机也。独画云乎哉!

董寿平论画竹:画前胸有成竹,画时心中无竹。

换位思维,有时还可做退一步思维解读。所谓退一步风平浪静,海阔天空。一个男孩因常受到继母的斥责而苦恼。一天有人劝他说,孩子,其实有人责备也是一件幸福的事情,因为指责也是一种关爱。从此,不管继母出于什么心理,不管以什么方式和态度对待,男孩都报以感恩的心和善意的理解。不仅感化了继母,而且由于带着快乐的心情学习生活,以及在继母严厉管教下,终于成了有用之才。

27　均衡思维

均衡的意义在于社会和谐和睦,在于万物平衡相宜:人与自然和谐;人与社会和谐,人与人和谐;人自身要和谐。

帕累托的最优境界:任何改变,使一人境况变好,又不使其他人境况变坏。

天地间的和谐,在于月亮与太阳,以及星星之间的运行法则。天空不是太阳的天空,还有月亮;也不是太阳和月亮的天空,还有星星;天空原来是太阳、月亮还有星星共同照耀的世界。

经济学诺贝尔奖得主萨缪尔森:你可以将一只鹦鹉训

练成经济学家,因为只需掌握两个词:供给与需求。博弈论专家坎多瑞引申说:再多学一个词:纳什均衡。

"天空都不足以容纳他的独立性"——荣获诺贝尔经济学奖的美国天才数学家约翰·福布斯·纳什,像一颗天幕上闪烁的星辰令人仰慕。根据西尔维娅·纳托萨《美丽心灵——纳什传》改编的影片《美丽心灵》曾获奥斯卡奖。均衡的意义在于,使相关量都处于稳定值。纳什创立的均衡及博弈理论的最优策略,却与中国古代中庸之道、中和哲学思想默然契合,仿佛就是中庸与中和的一个注疏与论证。

药理学家帕拉斯尔萨斯:只有剂量能决定一种东西没有毒。

对于植物比如一朵花,不是阳光越充足越好,也不是水分越充沛越好,而是均衡适宜。

自行车的动态平衡原理,被飞机、汽车引进运用——用动态的方式处理高速转动的不平衡。

中西文明最叫人发出尖叫的差异,在于人与自然价值观的悖逆和分野。中国文明的核质,是追寻人与自然和谐共荣的理念。

《中庸》:"喜怒哀乐之未发,谓之中;发而皆中节,谓之和;中也者,天下之大本也;和也者,天下之达道也。致中和,天地位焉,万物育焉。"

泰戈尔于 1924 年 5 月访问山西太原时,与阎锡山一席对话,透射出两位历史人物对中西文明的宝贵审视和诠释。

泰:请问东方文化是什么?

阎:就是"中"。

泰:"中"怎么解释?

阎:有"种子"的鸡蛋里的那个"种子"就是"中"。

泰:……

阎:此"种子"为不可思议,不能说明的,宇宙间只有个种子,造化也就是把握的这种"种子"。假定地球上抽去万物的"种子",地球就成了枯朽;认识中失了中,人类就陷于悲惨。

泰:我从上海到天津、北京,没有看见中国文化是什么?

阎:你到太原也看不见,你到乡间或者能看见……

泰:西方物质文明,压迫中印等弱小国家,把极美丽的世界,弄得极丑恶了,极和谐的世界,弄得极紧张了……我们应该联合起来,把本来美丽的世界,还他一个和谐。

……

张之洞："中学为内学，西学为外学；中学治身心，西学应世事。"这或许是中庸的另一种解读。

《四十二章经》："佛问：汝昔在家，曾为何业？对曰：爱弹琴。佛言：弦缓如何？对曰：不鸣矣。弦急如何？对曰：声绝矣！急缓得中如何？对曰：诸音普矣！佛言：沙门学道亦然，心若调适，道可得矣。"

均衡与中庸可以同义互证。中庸非不偏不倚，而是和谐，阴阳平衡。中庸之"中"，非折中之点，而是标志"和"的黄金分点。中庸是事物呈现展示的一种最佳状态，最佳效果。"白露早，寒露迟，秋分种麦正当时"。中医中药，神奇与奥妙就在于"中和"平衡，几味从田野上采来的草叶花茎，竟"和"成一种奇特的力量和功效，辨证施治，活络化瘀，驱病若抽丝，回黄转新绿。

德国天文学家开普勒，将天体之间存在着深刻而和谐定量关系的认知，写成代表作《宇宙的和谐》："天体运动不是别的，不过是几种声音交汇成了一种连续的音乐。它只被心智所领悟，而不被人的肉耳所闻。"这一由多种声音汇成的音乐，一定是和谐之声，美妙之韵。

阿尔伯蒂洞彻到"和谐是一种数字比例关系"：一比一

是一种味道,一比二则是另一种形态。"我每天都相信毕达哥拉斯教导的真理:自然按照始终如一的方式活动,它的一切运动都有确定的比例"。自行车动态平衡原理,被广泛引进运用到飞机、汽车领域——用动态方式处理高速转动的不平衡。

《管子》:"天子中而处,此谓因天之固,归地之利。"《荀子》:"欲近四旁,莫如中央,故王者必居天下之中,礼也。"

"从君翠发芦花色,独共南山守中国"。"中国"之国名,分明就传达寄托着中庸中和的哲学意蕴。"中国",像一朵云霞在华夏历史上空游移飘忽,或指京师首都,或指中原地区,或指天子统辖的王国。纵然不是确指,也属九州领地的泛称,且发散着深浓的文化意味与历史气息。正如房龙在《人类的艺术》中所言:"中国不是一个国家的名称,而是一种文化的名称。"因在中国第一次运用心理学分析创作小说《鸠摩罗什》而被尊为中国现代小说奠基人之一的施蛰存,对"中国"的理解,却未免失之于偏颇:"中国,作为一个国家的名称,开始于辛亥革命以后。这以前,本来没有这个国名,如果说它是一种文化的名称,那也是开始于1912年以后。"而历史地理学家谭其骧在《中国历代政区概述》一文前发表的"声明",又是怎样地带了偏见与对历史的不公："中国"只指旧籍中的"中国",即专指汉、晋、隋、唐、宋、元、明、清等中原各朝,不包括边区政权如匈奴、鲜卑、突厥、回、吐蕃、南诏、大理、渤海等。

"国",古代"城"或"邦"之谓也。汉代始,汉族建立的中原王朝被唤作"汉",少数民族或称其"大汉",且有华夏、九州、中华、九野、九域、中国等别称,"中华地向城边尽,外国云从岛上来"。中华,取居中心而华美之意。唐代《律疏》有释:中华者,中国也。亲被王教,自属中国。衣冠威仪,习俗孝悌,居身礼仪,故谓之中华。

出土西周初年铜器"何尊",其上有"中国"二字,可谓"中国"一词最早披露发表。"中国"被西方称作 CHINA,一说源自中国瓷器输入波斯,继而推广于欧洲,瓷器的光亮映照出一个神秘古国的倩影;一说起源于古梵文"支那"(思维之意),如隋代慧苑法师和《梵文典》撰者、文僧苏曼殊即持此说。中西方文化最初分野与差异——五星分天之中,积于东方,中国利;积于西方,外国用兵者利。

日出东方,日落西山,东西两方天然有别。东方属木,西方属金,金木相克又互为依存。中国人内敛,西方人外向。中国思维呈关联式,综合而有机;西方思维属因果式,分析而机械。中国人奉天人合一为上;西方人以征服自然为乐。中国强调传统文脉,家族姓氏在前个人名字位后;西方彰显个性,先呼名字后唤姓氏。中国画焦墨语言,焦轻重浓淡五墨,写意空灵;西方油画色彩强烈,写实逼真。中国人的爱情委婉含蓄,红叶题诗,鸿雁传情, 将琴代语,暗香吹送。"月上柳梢头,人约黄昏后","东边日出西边雨,道是无晴却有晴(情)","欲寄彩笺无尺素,山长水远知何处","花红易衰似郎意,水流无限似侬愁";西方人爱情奔放狂烈,选择郁金香和玫瑰作为象征。郁金香是荷兰的国花,盛开时,美得叫人不敢睁开眼睛,被欧洲尊为"花之皇后",奉作"美丽的爱之花"。传说古时有三位英俊少年分别以皇冠、宝剑和金子作为礼物,向同一位美丽少女求爱。少女犹豫不决,遂祈求于花神。花神分别将皇冠变成花蕾,宝剑变成绿叶,金子变成花根,这便是珠光宝气的郁金香。英国及欧美许多国家,皆以玫瑰为国花。据传,耶稣被出卖后,钉在十字架上,鲜血滴入泥土,十字架下便生长出红艳欲燃的玫瑰花。

2003 年 3 月,欧盟首脑在葡萄牙首都里斯本就欧盟发展新战略达成协议(后被称为"里斯本战略"),为欧盟在 21

世纪头 10 年的发展提出了战略性目标:成为世界上最有竞争力和最有活力的知识经济,保持经济的可持续增长,提供更好的就业和更高程度的社会和谐。

均衡即是和谐。和谐是一个多层次的立体,包括人与自然,人与社会,人与人,以及人与自己和谐。人的自身和谐很是要紧,关切到生命的健康,也是其他和谐的前提与终极目的。人体里的水是人体重量的五分之四。水与人的心境亲密呼应,有科学实验报告,当一个人心情愉悦时,身体里的水分子就会呈现鲜花盛开般的优美图案。若是心情郁闷或者生气时,那些美丽的水图就会扭曲变形,其状丑陋。有养花人云,浇花时以歌相伴,以笑相向,或用赞美的话说给花儿听,花儿会开得更为鲜艳灿烂。如果情绪低落,愁云凝容,或用批评指责的语气对花,花儿就会光色暗淡,枯萎凋谢。

第六章　哲学思维

哲学便是聪明学与智慧学。

哲学思维,是思维的最高层界。

立体、多元、全景式、时空化地思考、透析、解剖一件事物,有助于把握其规律性,从而达到游刃有余,事半功倍的效果。

黑格尔说,一个有文化的民族,如果没有哲理,就像一座庙,其他方面都装饰得富丽堂皇,却没有至圣的神那样。

哈佛大学图书馆墙壁上的训言选录:

此刻打盹,你将做梦;此刻学习,你将圆梦。

觉得为时已晚的时候,恰恰是最早的时候。

学习时的痛苦是暂时的,未学到知识的痛苦是终生的。

如果痛苦无法回避,那么就去享受它吧。

学习并不是人生的全部。但是如果连人生的一部分——学习,也无法征服,那还能做什么呢?

这些训言,无不闪耀着哲学思维的火花。

28　哲学思维

哲学是关于世界观的学说。是自然知识和社会知识的概括和总结。哲学是距今两千五百年前的古希腊人创造的术语。在希腊语 philosophia 里,意为热爱智慧"。毕达哥拉斯是"哲学"一词最早使用者。

"哲"一词在中国起源很早,历史久远。如"孔门十哲","古圣先哲"等词,"哲"或"哲人",专指那些善于思辨,学问精深者,即西方近似"哲学家""思想家"之谓。一般认为中国哲学起源于东周时期,以老子的道家、孔子的儒家、墨子的墨家及晚期的法家为代表。事实上,之前的《易经》,已经萌发了讨论哲学的春芽。

霍金对宇宙科学的探秘总是充满智慧与幽默:"宇宙有开端吗?如果有的话,在此之前发生过什么?""通观整个科学史,人们已渐渐明白,事件不会以随意的方式发生——它们反映了某些基本的秩序，这可能是——也可能不是——有神力相助的"。

卡夫卡对歌德的评说，闪射着高度哲理的光焰："歌德，由于他的作品的力量，可能阻止德意志语言的发展。""如果不借鉴歌德成为作家，那么就一定会是一个伟大的作家"。

哲学思维的9个重要理念：

A、辩证思维(孔子：知我者其惟《春秋》乎！罪我者其惟《春秋》乎！)；

B、历史思维(人类集体意识，遗传基因，集体承传的记忆)；

C、联系思维(事物与事物间互联互动)；

D、矛盾思维(对立统一，矛盾彼此依存转化)；

E、动态思维(此一时彼一时。人不能两次踏入同一条河流)；

F、发展思维(今日胜昨日，明天更美好)；

G、变化思维(树欲静风不止，客观世界不以人的意志为转移)；

H、规律思维(孟子："观水有术，必观其澜。日月有明，容光必照。流水之为物也，不盈科不行；君子之志于道也，不成章不达。")

Ⅰ、存在决定物质,意识决定精神。(马克思、恩格斯:意识在任何时候都只能是被意识到了的存在,而人们的存在就是他们的现实生活过程。)

1948年冯友兰在英文刊物《哲学评论》发表《中国哲学与未来世界哲学》:在我看来,未来世界哲学一定比中国传统哲学更理性主义一些,比西方传统哲学更神秘主义一些。

环境和地位,影响一个人的气质,直至容貌、声调、声音:鲁国的君主到了宋国,呼喊着敲门,守门人心里作想:此非吾君也,何其声音似我君也?(《孟子·滕文公》)

【案例品鉴】 哲学家:向外看,你看到什么?富人:看到很多人。哲学家带他到一面镜子前又问,这时你看到什么?看到我自己。"窗子和镜子都是玻璃做的,区别在镜子多了一层银子(钱)。你就只看到自己看不到世界了"。

庄子与惠子游于濠梁之上。庄子曰:"鱼出游从容,是鱼乐也。"惠子曰:"子非鱼,安知鱼之乐?""子非我,安知我不知与之乐?""我非子,固不知子矣;子固非鱼也,子之不知鱼之乐,全矣。""请循其本。'汝安知鱼乐'云者,既已知吾之知而问我,我知之濠上也(我是在濠上知鱼之乐)。"

真理诞生于 100 个问号之后。

优秀管理者是数学家与哲学家的结合。张瑞敏说,企业家最重要的素质,是哲学家的素质。

事物都是双刃剑,就像雨伞挡雨的同时,也会把风景遮住一样。

洼,然后积;屈,然后弹。

西瓜启示:心中红亮灿烂,外表却呈绿色宁静。

山 / 寻找个性的曲线 / 追求生命的立体 / 承受更多的暴风雨 / 却离天空更近 / 最早看到太阳的升起 / 山,一块站起来的土地在阳光的帮助下 / 我发现了一朵美丽的花 / 我想说的是在没有阳光的时候 / 花朵依然美丽地存在着它的存在。

真理就在两个极端之间。有中有无,无中有有,有即是无,无即是有。最难者最易,最易者最难,难易相通。

彼得·圣吉《第五项修炼》中有一个"水煮青蛙"的例子:把一只青蛙放进开水里,青蛙会一激灵,拼命而超水平地跳出来逃生。而如果放进温水里,慢慢地加热,青蛙就会安乐地死去(置之死地而后生,极端往往创造奇迹)。

欲洁何曾洁,云空未必空(《红楼梦》)。源远水则浊,枝繁果则稀(《脂砚斋重评石头记》)。

　　一月普现千江情，

　　万象百态入心瓶。

　　山水也是也不是，

　　更无风雨更无晴。

　　一边是缓缓凋谢的花朵，一边是金黄耀眼的底色，这就是梵高永不落幕的"向日葵"。

　　【案例品鉴】　晋明帝(东晋司马绍，元帝之子)数岁，坐元帝(司马睿，晋东渡后第一个皇帝)膝上。有人从长安来，元帝问洛下消息(匈奴311年攻入洛阳，又五年攻陷长安，西晋亡，元帝在建康即南京即位)，潸然涕下。明帝问："何以致泣？"具以东渡意(西晋亡晋皇室东渡失去中原)告之。因问明帝："汝意谓长安何如日远？"答曰："日远。不闻'人从日边来'，居然可知。"元帝异之。明日，集群臣宴会，告以此意，更重问之。乃答曰："日近。"元帝失色，曰："尔何故异昨日之言邪？"答曰："举目见日，不见长安。"

　　【案例品鉴】　有先生指一鹿一马考一书童，书童不认识却回答巧妙："鹿旁边是马，马旁边是鹿。"

　　滚滚长江东逝水，浪花淘尽英雄，是非成败转头空。青山依旧在,几度夕阳红。白发渔樵江渚上,惯看秋月春风,一杯浊酒喜相逢。古今多少事,都付笑谈中。

人在红尘,心灵超越。以出世的精神,干入世的事业。

许多情形下,不是物质的竞争,而是心态的较量。

困惑时换一种思考角度,当别人都纵向切割苹果,你不妨横着去切一次,就会发现苹果里原来还隐藏着那么美丽的图画。

经常用新知洗脑,自觉更新观念。一瓶水,只有倒掉旧水才能装入新水。

勇敢,就抢先握住了胜券的一半;好的开头就是成功的一半;先把事情弄清楚,就等于解决了事情一半。

尺有所短,寸有所长。月满则亏,否极泰来,盛宴必散。

秋天的向日葵你为何总是低着头?我在为夏天昂首的无知而羞惭。

"我唯一知道的是:我知道的很少。"

《红楼梦》"好了歌":好就是了,了就是好。若要好就是了。

大象无形,大音稀声。一太极大师应邀显示功夫,他平伸手掌,上面放一只小鸟。任凭小鸟怎样扑腾翅膀,试图飞走,却就是离不开手掌,飞动不起来,仿佛被什么粘住似的。这即太极掌思想的精髓。小鸟欲飞,必借脚蹬,借助一点外力,而大师的手掌却无力可借。

属于历史的内容只有放回到历史本身才能看清它最初的容颜。

俄狄浦斯只有一只眼,但也许已经太多。

"有花有酒春常在,无烛无灯夜自明。"(《聊斋志异》)

"一字魂飞,心月之精灵冉冉;三生梦渺,牡丹之亭下依依。"

"听一事,如闻雷霆;奉一言,如亲日月。"

行动法则:行动者常常没有评论者高明,但评论者往往没有行动;

历史法则:历史本身没有重复,重复只出现在历史学家之间;

食品法则:爱吃香肠的人,绝对不要去了解生产过程;

辩论法则:当你开始胡言乱语时,真理往往在对方那里。

家务法则:厨房是永远打扫不干净的。

衣橱法则:女人衣橱里永远缺一件衣服。

柏拉图:"哲学就是练习死亡"。人的本质在于心灵,在于精神。

从炼狱到天堂,在于灵魂的升华。凤凰涅槃,浴火重生。

人类天性中有哲学倾向——内心希望自由,希望做自己。

华盛顿,美国的政治中心,其空间布局被誉为"华盛顿哲学":白宫(行政中心),对面是杰弗逊(人人生而平等)纪念堂(象征平等与自由);国会山(立法机关)对着林肯纪念堂(思想核心是正义与国家的统一,法治的精髓);均以华盛顿纪念碑为核心:遵循精神:权力分立与联邦统一。

人生充满选择。人生即选择与舍得的艺术。哲学之义:你在选择的同时也被选择,成为选择的选择。

既然是必要的形式,那么就要做得很有必要,其实形式也便是内容。

机会成本:为种小麦而所放弃的大豆的收入,即小麦的机会成本。

唐代布袋和尚偈:手把青秧插满田,低头便见水中天。心地清净方为道,退步原来是向前。

逢人不说人间事,便是人间无事人。

水寒夜冷鱼难觅,留得空船载月归。

无法掌控事情的结尾,却可设计怎样开始。

烙饼再大大不过锅。花无百日红,星有一夜明。

黑格尔:"人类从历史中学到的唯一教训就是,人类无法从历史学中学到任何教训。"

老子:"知其雄,守其雌,为天下溪。为天下溪,常德不离,复归于婴儿知其白,守其黑,为天下式。为天下式,常德不忒,复归于无极。"

只有越过一定成功线的人,才有资格谈论从容淡定。

春天来了,窗外的梅花爆开一朵火红的花蕾。窗内赏春的主人兴奋之余,却叹了一句:可惜花蕊中有一个黑色斑点。过几天,花主人从梅花前面走过,发现花蕊色彩纯粹,无一丝杂质。遂豁然有悟:先前的黑点,原来出自窗玻璃。

哲学是度的艺术。度即"火候"。治大国如烹小鲜,讲的就是火候,就是哲学度。

容易得到的东西,同样容易被弱化人们对它的珍惜。

宋玉:"增之一分则太长,减之一分则太短。著粉则太白,施朱则太赤。"

苏东坡:"欲将西湖比西子,淡妆浓抹总相宜。"

"演离合悲欢当代岂无前代事,观抑扬褒贬座中常有剧中人"。

庄子见一株树木,大而茂盛,因其无所可用,没有被砍伐,遂哲学地说:此木以不材得终其天年。

滴水观音:一滴水,穿过茶叶,便酿作一粒清醒剂;滤过酒糟,竟酵为一盅沉醉液。

赏花观月,品茶饮酒。好花看到半开时,明月望在圆缺间。花不恋蝶蝶恋花,茶不醉人人醉茶。行住于花月丛中,坐卧于茶酒之间。似醉非醉,欲醒未醒。风轻云淡,梅梦竹影。——哲学耶,艺术耶,一等人生境界也!

一司机开车在新疆公路上,他不停地左右摆动方向盘,车上客人以为是司机爱护动物,怕撞着前面不断飞过的鹰,遂肃然起敬。事后一问,便觉遗憾,原来司机是在躲避路面上的坑凹。若不去问司机,那么那位客人留在记忆里的就永远是一个完美的猜想。

头上有一只鸟翔舞,其姿优美之极。若及时回头,将永远是一幅美丽的画面。结果为看个究竟,硬是等到鸟儿落地,仔细一瞧,原来是一张过时的报纸。

一个皇帝来看病入膏肓的宠妃,妃子始终不把头回过来,以免丑陋的病态冲淡和抵消皇帝记忆里健康而姣好的面容。

聪明的妃子知道，皇帝眷恋的是她容貌的美丽。

【案例品鉴】 有两个鞋子推销员，一起来到太平洋的一个岛国，面对岛上人们没有穿鞋习惯的同一个事实，甲思维出这里拒绝鞋子的结论，从而放弃了在岛上卖鞋的念头。而乙却思维出岛上有售鞋的广阔前景，设计了改变人们习惯，引导人们穿鞋的计划。

此案例类似于去庙里推销梳子的故事：一个梳子推销员觉得和尚连头发都没有，梳子还能派上什么用场？另一个推销员却说梳子除了打理头发之外，还有舒筋活血的效用，引得和尚们争相购买。

什么都可以忘记和忽略，只要从不忘记自己是谁。不管走多远的路，牢牢地记着是从家出发。曲径通幽处，禅房花木深。人生常常会被置于三叉、五叉路口，博尔赫斯所谓"曲径分叉的花园"。如果你被岔路所困惑，迷惘，那么就请你退回到最初的立场，找回最基本的哲学命题：我是谁？我要什么？

29　控制思维

问：僧人有七情六欲吗？

答：有。

问：那和常人有何区别？

答：区别在一个戒字。僧人守戒，七情六欲皆限于戒尺之内。

（释迦佛临终，阿难尊者问："佛灭度之后，以谁为师？"释迦回答："以戒为师。"）

这便是控制思维的精神和力量。人不可无欲，但一定要一根戒尺经常敲一敲，把欲望关在理性的笼子里。

"清风明月不用一钱买"，并非它们廉价，而是无价。它们不是商品，从来不会出卖自己。

有一门科学叫控制学，控制论就是研究这门科学的理论。

音乐、书法等艺术都是控制的艺术。其实，人生就是一门控制的艺术。紧张有序，有条不紊，忙而不乱，都是讲善于掌控和驾驭事物。

罗斯福在他遇到难解的问题时，就会望着挂在墙上的林肯像自问:如果林肯处于我的情况,他会如何解决这个问题?

学会说"不"很难,需要高超的智慧。小时候,"不"是最容易学和说的话,后来却成了大人们最难说出口的一个字。轻轻一声"不",代表着对生命尊严和幸福的捍卫。

传统哲学与现代智慧,归根到底一个字——面对诱惑,敢于大声说"不"!

尼采:生命是一团欲望,欲望不能满足便痛苦,满足便无聊,人生就在痛苦和无聊之间摇摆。

卡夫卡:心脏是一座两间卧室的房子,一间住着痛苦,一间住着快乐。人不能笑得太响,否则笑声就会吵醒隔壁的痛苦。

自制是刚毅的本质,也是性格的灵魂。

自制使人充满自信。沉着冷静生慧。自制是情感的至高统治者。

能够支配自我,控制情感、欲望和恐惧心理的人会比国王更伟大,更幸福。

华盛顿:我不允许任何人引起我的仇恨而使我的灵魂抑郁、狭隘。

罗马哲学家塞尼：如果你一直觉得不满，那么即使拥有了整个世界，你也会觉得伤心。

一个人如果贪心无边，即使拥有太阳，还想占有月亮，占有月亮，还想要满天星星，所谓欲壑难填。

凡事不可过，过"犹如执炬，逆风而行，必有烧手之患"。

林肯曾是一个性急易怒的人，后来学会了自制。他对陆军上校福尼说："我从黑鹰战役开始养成了控制脾气的好习惯，并且一直保持了下来，这给了我很大的好处。"

刘邦登基之后听取张良的劝诫，忍痛控制住了草莽时代贪恋美色的习气，终究成就了一番大业。

有人问苏格拉底：天地间的距离是多少？苏答：三尺。又问：一个人都有五尺高，还不把天捅个洞吗？苏答：所以人就要懂得低头。

美国之父的富兰克林，一次拜访一个前辈，被门碰了一下头，他幽默地说：人活在世上，必须学会低头。

联合国世界卫生组织对健康的定义中，认为应当具备四个条件。其中有一条就是自我控制能力。另外两条"能正确对待外界的影响"和"处于内心平衡的满足状态"，实际上也是强调"控制"。

哲学思维

【案例品鉴】 控制力最强的间谍：一间谍被捕后装聋作哑。敌人用最灵敏的设备测试都无效，最后说："好了，你可以走了。"间谍仍然没有露出听懂话的蛛丝马迹。捕他的人无奈地说，"他要么是伪装得天衣无缝，要么就是个十足的白痴。"

一次，林肯下令米地将军，要他乘水涨之机歼灭敌军。他满怀信心等来的结果是，米将军行动消极，贻误了战机。"天哪，这到底是怎么一回事！"愤怒之下，林肯挥笔写了一封信。然而，米地将军没有读到这封措辞激烈的信，因为林肯没有把它寄出去。林肯还为米将军作了多种开脱，"或许在那个环境下，我也会像他那样做的"。

鲍勃·胡佛在空中特技表演完毕之后，驾机准备飞回洛杉矶，落地时，两个引擎同时出现故障，幸亏他反应灵敏，技术高超而化险为夷。人员没有伤亡，飞机却面目全非。经检查，原来是加错了油。那位负责飞机保养的机械师一见胡佛，就痛哭起来。然而胡佛没有像我们想象的那样大发雷霆，而是伸出手臂搭在工人的肩膀说："为了证明你以后不再犯错，我要你明天帮我修护我的 F—51 飞机。"

在人生戏剧里，一个情节和另一个情节总是毗连着，就像幼儿园里做游戏的孩子手牵着手，围成一个色彩缤纷的圆圈。

破译蜜蜂生存的密码：从筑巢、采粉到酿蜜、搬运，仅仅以出于本能而论蜜蜂，缺乏足够的说服力。其中一定还有一套科学而严密的管理机制，从宏观控制和微观激励：包括分工、责任、调度、协调、统筹等一系列有效运转结构的模式。

赫拉巴尔小说《我曾伺候过英国国王》里那个旅馆老板揪着徒工耳朵教育："你是学徒的，记住！你什么也没看见，什么也没听见！可你还要记住，你必须看见一切，必须听见一切。"看见了一切却又什么都没看到，听见了一切却又什么都没听着，这是一种能力，是一种生活的智慧与控制。

巴菲特从桥牌中悟出：每隔十分钟就要重新审视一下局势。股票市场上的决策不是基于市场上的局势，而是你认为合理的时期上。桥牌就好像在权衡盈利或损失的比率，你每时每刻都在做着这种计算。

事到盛时须警醒，境当逆处要从容。

联想总裁柳传志将控制风险的"大拐弯"思维与手段应用到工作和生活之中，把纷至沓来的事务，以重要、紧急与次重要、次紧急分类解项，从而避免"急转弯"：每个月总有一两天的时间去梳理一些重要概念,考虑未来和变化趋势。控制距离是一门深奥的艺术。

科学地控制距离,让我们的生活焕发艺术的质感。

距离出效果。超越最佳距离,形越近,而实越远。

拿破仑:从伟大崇高到荒谬可笑,其间只相差一步。

叔本华:"人就像寒冬里的刺猬,互相靠得太近,会觉得刺痛;彼此离得太远,却又会感觉寒冷;人是必须保持适当的距离过活。""日常生活中的琐碎事情常叫我们激动、焦虑、烦恼、热情,就是因为它在我们的眼前,让我们看着它觉得是多么的硕大,又是多么的重要而严峻。可是,一旦它们全部消失在时间的长河里时,就失去了自身的任何价值,只要我们不再想它,它就在我们的记忆中逐步消失。它们之所以如此硕大,就是因为离我们很近的缘故。"

现实?现实分明就在眼前,却又好像很远很远,远得常常令我们身心交瘁。

有的时候,爱护一件事物,最好的方式不是亲近它,而是不去打扰它,通过距离保持对它的尊重和敬畏。

为什么我们常常被生活困惑?因为我们生活在生活之中。若想看清生活面孔,需脱身生活之海到岸上,与生活拉开和保持适度距离。然而,看清生活,往往需要心灵承担比困惑更深重的痛苦。

插秧启示:秧苗太近不利生长,太远又影响抽穗,唯有不远不近,方为插秧标准。

距离的艺术是对哲学的艺术解读。月亮之所以被我们美丽地想象了嫦娥奔月等那么多美丽的神话和童话,就是因为美丽的距离。如果失却距离的支撑,你会失望地看到,美丽的月亮原来只是一块很大很大但并不美丽的石头。英雄见惯也平常;仆人眼里没英雄。

不识庐山真面目,只缘身在此山中。当局者迷,旁观者清。

历史像一幅油画,只有站在远处才能看得清楚。

半醉半醒吃茶去,欲开欲圆看花来。

山与山相望 / 风是他们的呼吸 / 水与水相恋 / 花是他们的儿女 / 日升月落 / 云霞是他们的衣裳 / 天高地远 / 雨丝是他们的话语

【雅文品赏】 余光中《乡愁》:小时候 / 乡愁是一枚小小的邮票 / 我在这头 / 母亲在那头 / 长大后 / 乡愁是一张窄窄的船票 / 我在这头 / 新娘在那头 / 后来啊 / 乡愁是一

方矮矮的坟墓 / 我在外头 / 母亲在里头 / 而现在 / 乡愁是一湾浅浅的海峡 / 我在这头 / 大陆在那头。

时间距离：一对恋人，经常在一起，突然分开一段时间，就会读懂什么叫思念。问君何能尔？心远地自偏。山静似太古，日长如小年。

空间距离：天涯海角，鸿雁往来，积成"两地书。"一方归心似箭，一方望眼欲穿；一日不见，如隔三秋。谁谓河广，一苇航之。

情感距离：成天在一起，犹如"左手握右手"，就会迷失曾经的感觉，就有婚姻是爱情终点之咏叹。民间有新婚不如久别之说。婚姻务实寻常，爱情超越而空灵。

分别叫人找回初恋的感觉。相聚时觉得你像时间平常 / 分开后发现你比岁月珍贵 / ……分别是一把钥匙 / 打开思念的心扉 / ……两情长久更渴望朝朝暮暮 / 千里共婵娟是无奈的安慰 / 距离是一块砺石 / 打磨出爱的光辉。

明者慎微，智者识机。说出对一事的评价，也就评价了自己。

巴勒斯坦有两个海，一个是淡水，里面有鱼，岸边花草丰茂，从山脉流下的约旦河成就了它，流入一滴就流出一滴。而另一个海由约旦河向南流入,因其只流入不流出,所以无鱼也无鸟。

度的意义在于控制。任何事情都有度,寻找到那个度并把握好,就把握住了成功。

赋权管理:下属获得决策和行动的权力,它意味着被赋权的人有很大的自主权和独立性。而领导不会减少权力,反会增加权力,特别是当整个组织发挥更大效力时。

任何事物都是特境产物,在空间上呈现立体结构,繁复层次;在时间上具有历时性与共时性。语言,行为,情感,都深深打着特境的烙印。

任何真理都是特定条件下的真理,离开一定条件,真理就被推上怀疑台,成了被考验的对象。此一时,彼一时。时过境迁,物是人非。"去年今日此门中,人面桃花相映红。人面不知何处去,桃花依旧笑春风。"去年元夜时,花市灯如昼。月上柳梢头,人约黄昏后。今年元夜时,月与灯依旧。不见去年人,泪湿春衫袖。"

孔子曾经在一个小孩关于"太阳离我们是近还是远"的问题面前不知所措。若从太阳的大小看,早晨日出大,故近;中午时小,故远。若从冷暖温度说,日出时冷,遂远;中午时暖,遂近。

节奏的艺术,便是控制的艺术。

世界是结构的,结构是按比例的,这比例就是节奏。

哲学已经让我们相信,世界是物质的,物质是结构的,而结构的物质,由于节奏灌注了生气与活力,才显现出灵动的生命,使结构的世界成为运动的世界:音乐节奏,色彩节奏,造型节奏……

节奏,一般是指音乐中交替出现的有规律的强弱、长短现象。音乐中的节奏是靠时间的长短和声音的强弱来表现的。节奏是音乐的灵魂,不同的节奏决定着旋律的结构和品质,华尔兹、探戈、伦巴……都是节奏的结果。同样的曲谱,节奏一变,或快或慢,整个音乐面貌就变脸了。比如一支中速的曲子,如果加快,就会激昂、高亢,如果放慢,就会悠扬甚至弥漫一丝淡淡的忧伤。

世界是一座建筑,其背后秩序的支撑就是节奏。世界由节奏构成,并依照丰富的节奏摆动。

宇宙内每一种物质都是活的,就因为都有一种节奏在里面流贯着的。

宇宙间的事物没有一样是没有节奏的:太阳落山,月亮升起;阳光跃舞,月光浮动;男欢女乐,阴阳交替。书法飞白,疏密有致;绘画留空,色彩对比。心跳,是心灵钟摆的节奏。

时令节奏:譬如寒往则暑来,暑往则寒来,寒暑更替,四时代序。春天花开,秋季叶落;春雨轻缓,夏雨急促。大弦嘈嘈如急雨,小弦切切如私语。嘈嘈切切错杂弹,大珠小珠落玉盘。

地壳节奏:比如高而为山陵,低而为溪谷,陵谷相间,岭脉蜿蜒。

艺术节奏:没有节奏的作品是没有美感的。郭沫若《论节奏》:节奏之于诗是它的外形,也是它的生命。梁思成对建筑物体节奏分析:一柱一窗地排下去,就像柱窗的 2 / 4 的拍子,若一柱二窗地排下去,就像柱窗窗、柱窗窗的圆舞曲,若是一柱三窗的排列就是柱窗窗窗 4/4 的拍子。电影蒙太奇手法,就是通过剪辑画面而形成强烈的节奏感。

经济节奏:如股市风云,牛市熊市,此涨彼跌。

节奏可分两类:一类是机械秩序,单纯齐一;一类是表现量比关系的节奏,如物象近大远小等。

不同节奏,能够引起不同的心理反应。高速路上开车,要放节奏鲜明欢快的乐曲;吃饭用餐需要听旋律悠扬舒缓的音乐。

哲学思维

世界每一件事物,都是结构化的,而且都是立体的、多元化的、多角度的、多层次的。认识世界,就必须对其作解构解析。

《庄子·庖丁解牛》:奏刀騞然,莫不中音。和于《桑林》(商汤时之名曲)之舞,乃中《经首》(尧时乐曲《咸池》之一章)之会(节奏)。该庖丁解牛 19 年,刀刃犹新。"彼节者有间,而刀刃者无厚;以无厚入有间,恢恢乎其于游刃必有馀地矣。"此为解构范例。庖丁对牛的结构烂熟于心,且依乎天理而解,自然得心应手,轻松自如。

1770 年,英国人发现了澳大利亚大陆,掀起开发澳洲热潮。因了人手短缺,便把囚犯运去。但英政府船只不足,只好向民间征用,流程是谁运得多,就得钱多。于是船主就拼命装囚犯,死亡率高达 1/3。既损失人力资源,又受到国内舆论声讨。船主几乎都是魔鬼,思想工作在魔鬼的利益面前,无力量可言。唯一办法,是通过制度改变流程:船到岸,按活着的囚犯人头付钱。流程一改,魔鬼变天使了。为让囚犯不死,船主甚至在途中要给囚犯吃两个橘子以补充维生素。

一半魔鬼,一半天使,这就是人,这就是人性。好的结构使魔鬼变天使,坏的结构让天使变魔鬼。

结构主义,二十世纪五六十年代出现于法国,由列维·施特劳斯的人类学、雅克·拉康的结构心理分析学和路易·阿尔图塞的文学理论组成基本轮廓,它把各层次的现实世界作为符号系统来读。

潘石屹:想一想,自己从商时间不短了,是否自己找到了属于自己的节奏呢?丢掉最多的,就是自我。

毛泽东《论持久战》与其说是在速胜论和亡国论间智慧地找到一条正确道路,毋宁说是找准了一种适度的节奏:战略防御,战略相持,战略反攻。第一个阶段时间最长,后两个阶段一个比一个短。

世界是一个有机体,一物受力,会引发连锁反应。混沌学提示:蝴蝶翅膀的扇动会引起宇宙化变。

【雅文品赏】 史蒂文斯《坛子的轶事》:我把一只圆形的坛子 / 放在田纳西的山顶 / 凌乱的荒野 / 围向山峰。// 荒野向坛子涌起 / 匍匐在四周,不再荒凉 / 圆圆的坛子置在地上 / 高高地立于空中。// 它君临四界 / 这只灰色无釉的坛子 / 它不曾产生鸟雀或树丛 / 与田纳西别的事物都不一样。

当我们正在为生活疲于奔命的时候,生活正在离我们而去——远洋地产广告。

哲学思维

文武之道,一张一弛。走与跑都是一种节奏,而安步却可以当车。我们活着不是为了快,生命的意义在于品味和欣赏人生的美好。同样的雨,打在瓦片与打在芭蕉上的声音,会把你带进两种不同的回忆与想象的意境。

不同事物之所以不同,就在于其节奏独特,拥有属于自己的节奏。2008年金融风暴,其源盖出于超节奏消费生产,寅吃卯粮,拔苗助长,泡沫游戏,失衡紊乱。"其兴也勃,其亡也忽"。

中国唐代国手王积薪总括"围棋十诀":一、不得贪胜;二、入界宜缓;三、攻彼顾我;四、弃子争先;五、舍小救大;六、逢危须弃;七、慎勿轻速;八、动须相应;九、彼强自保;十、势孤取和。

每句重点在守,让你小心,注意节奏。

在日益加速的年代,有一个秘密竟是"缓慢"。慢的哲学就像上好的雪茄,唯有在缓慢地燃烧中烟草的醇香才能充分地释放出来。人生是快乐的旅行,而不是体育竞技,不可一味地追求快速而忽略快乐。我曾在《雕刻在石头上的王朝》一书中对节奏做过一段描述:

人类必须找到和把握一种适合自己的速度,无限和一味地快下去,生命就会像拧在速度上的一枚零件,甩落应有的乐趣和意义。"追日""奔月",那是科技领域的速度,日常生活应该有一种与人类心律相适应的节奏,就像瀑布与江河的流速,属于两种不同的节律。"慢些,我们就会更快"。欲速则不达。竭泽而渔、急功近利之快,必然招致大自然愤怒的报复,遗留一笔交与子孙偿还的债务。

米兰·昆德拉试图以《慢》作为一个减速的警告:"我们的时代被遗忘的欲望纠缠着。为了满足这个欲望,它迷上了速度魔鬼。它加速步伐,因为要我们明白它不再希望大家回忆它……它要一口气吹灭记忆微弱的火苗。"

奔驰在高速公路和飞旋在网络上的世界,不仅令地球变小,而且也使人的生命缩短。"方留恋处,兰舟催发"。"葡萄美酒夜光杯,欲饮琵琶马上催"。只顾匆匆赶路,不见两岸风光;一身名缰利锁,不知生命芬芳。"为君持酒劝斜阳,且向花间留晚照"。许多人越来越怀念马车时代,那便是诗意的栖居时代。马车的速度是一律与人类内心声音和生活节拍相和谐的节奏。马车匀然悠扬的车轮,碾出唐诗宋词一道道舒缓的辙印:"柳塘春水漫,花坞夕阳迟""松风吹解带,山月照弹琴""坐看苍苔色,欲上人衣来""恻恻轻寒翦翦风,小梅飘雪杏花红""闲坐小窗读《周易》,不知春去几多时""邮亭深静,下马还寻,旧曾题处";碾出了莫扎特美得叫人心颤的音乐:林中空地、乡间曲径、夜莺轻啼、新月柳眉、小桥细泉、疏梅淡影……像母亲乳汁甜甜的流韵。比如云冈石窟穿越1500多年的时空,依然魅力四射,历久弥新,那是经过一个多世纪漫长的打磨啊!它需要我们停下来,用"凝望仁慈上帝的窗口"那样的心境,来注目和品味。蜻蜓点水,浮光掠影,是我们灵魂浮躁和轻率的证明。

图书在版编目（CIP）数据

与青少年谈思维 / 聂还贵著. — 太原：三晋出版社，2018.12

ISBN 978-7-5457-1823-2

Ⅰ.①与… Ⅱ.①聂… Ⅲ.①思维科学 –青少年读物 Ⅳ.①B80-49

中国版本图书馆 CIP 数据核字（2019）第 085746 号

与青少年谈思维

著　　者	：聂还贵	
责任编辑	：张继红	
出 版 者	：山西出版传媒集团·三晋出版社（原山西古籍出版社）	
地　　址	：太原市建设南路 21 号	
邮　　编	：030012	
电　　话	：0351 – 4922268（发行中心）	
	0351 – 4956036（总编室）	
	0351 – 4922203（印制部）	
网　　址	：http://www.sjcbs.cn	
经 销 者	：新华书店	
承 印 者	：山西康全印刷有限公司	
开　　本	：787mm×1092mm　　1/32	
印　　张	：11.5	
字　　数	：170 千字	
版　　次	：2019 年 6 月　第 1 版	
印　　次	：2019 年 6 月　第 1 次印刷	
书　　号	：ISBN 978-7-5457-1823-2	
定　　价	：36.00 元	